프렌즈 시리즈 09

프렌즈 오키나와

이주영 지음

Okinawa

중앙books

저자의 말

저자의 말을 쓰겠다고 하얀 노트를 펼치니 순간 머릿속도 하얘졌습니다. 그러다 문득 오래전 첫 번째 오키나와 여행이 떠올랐습니다. 해외여행에서 구글맵과 스마트폰을 처음 활용하던 시절의 오키나와 여행은 그야말로 엉망진창이었습니다. 여행에서 돌아온 후 함께했던 친구들과 힘들고 지쳤던 추억에 잠시 멀어지기까지 했으니까요. 나하 시내를 제외하고는 식당도 많지 않았고 영업 종료 시간이 이르거나 재료가 소진되면 문을 닫아버리는 오키나와 식당들의 특성도 알지 못했습니다. 우리나라와 운전석이 반대인 것도 익숙하지 않았고, 빈 골목 아무 곳에나 주차를 해도 되는 줄 알았던 데다, 일본어는 정녕 한마디도 할 줄 몰랐습니다.
지금 생각하면 다시 생각하고 싶지 않은 추억이지만, 어쩌면 그 추억 덕분에 오키나와를 책에 담으며 제가 경험했던 엉망진창의 여행을 경험하지 않도록 해드리고 싶었습니다. 너무 많은 정보의 바다 속에서 허우적거리는 순간에 잘 정리된 책이 얼마나 큰 힘이 되는지 알기에. 예전만큼 종이책을 찾는 이가 많지 않음을 알면서도 '오키나와 여행은 이 책이면 된다!'며 찾을 수 있는 책을 만들고 싶었습니다.
이 책 한 권으로 당신의 여행이 조금은 평안할 수 있다면 더할 나위 없겠습니다.

2024.10. 이주영

Special Thanks to.

오키나와 취재에 따라나섰다가 매일 밤 편의점 도시락으로 끼니를 때우며 함께해줬던 친구들, 덥고 덥고 더운 오키나와에서 삼시세끼 뜨거운 오키나와 소바를 먹다가 특별식으로 '햄맥'을 하자며 찾아갔던 A&W에서, 루트비어가 맥주가 아니었음에도 '좋은 경험이었다'며 웃으며 함께 해 준 전 남친(현 남편)! 고맙습니다. 그리고 누구보다 이 책을 짜임새 있게 만들 수 있도록 애써 주신 편집자님께 감사 인사 드립니다.

일러두기

이 책은 2024년 10월까지 수집한 정보를 바탕으로 제작되었습니다. 가장 최신의 정보를 제공하기 위해 노력하지만, 현지 사정에 따라 실시간으로 바뀌는 정보는 반영이 어려움을 미리 말씀드립니다. 책에는 변동된 현지 정보를 확인할 수 있도록 구글맵스와 연동된 QR코드와 홈페이지 주소, SNS 정보 등을 수록하였습니다. 여행 계획을 세울 때 활용하시기 바랍니다.

① 오키나와 미리보기

스노클링 포인트부터 풍경 맛집까지… 오키나와의 핵심 볼거리를 6개의 테마로 나누어 소개합니다. 어떤 곳인지 직관적으로 알 수 있도록 사진으로 보여줍니다.

② 오키나와 알아가기

꼭 알아야 할 기초 정보부터 전통 문화, 음식, 교통수단을 활용하는 방법까지 두루 소개합니다. 특히 '오키나와 Q&A'는 오키나와 여행에 꼭 필요한 핵심 정보를 질문과 대답의 형태로 정리해 간단하지만 실속 있는 정보를 제공합니다.

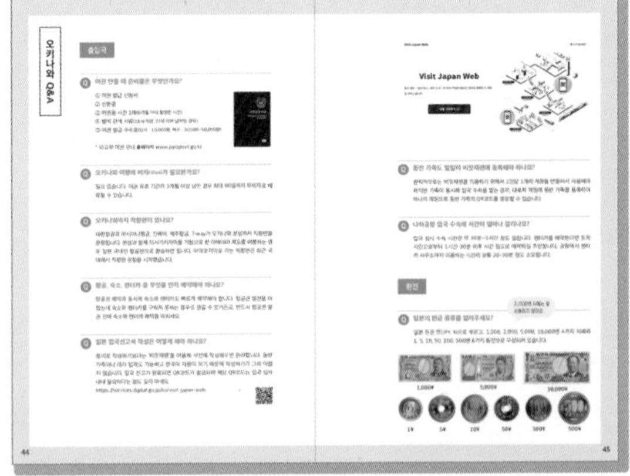

③ 오키나와 추천 일정

여행 전문가인 저자가 엄선한 추천 일정을 소개합니다. 함께 하는 여행 친구에 따라 달라지는 일정부터 숙소 중심 일정, 스폿별 이동시간과 중간에 들르기 좋은 식당까지! 그대로 따라가기만 하면 누구나 만족할 일정을 제공합니다.

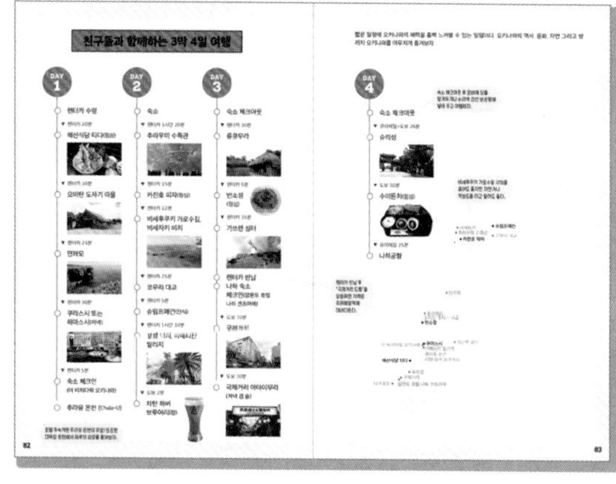

④ 오키나와 지역 정보

크게 4개 지역으로 나누어 지역별 스폿 정보와 추천 코스를 소개합니다. 각 스폿에는 맵코드와 주차장 정보가 수록되어 있어, 렌터카로 쉽고 빠르게 찾아갈 수 있도록 도와줍니다.

⑤ 오키나와 숙소

여행을 계획했다면 가장 먼저 해야 할 일이 항공권 구입과 숙소 예약입니다. 많고 많은 오키나와 숙소 가운데 엄선한 추천 숙소 리스트를 소개합니다.

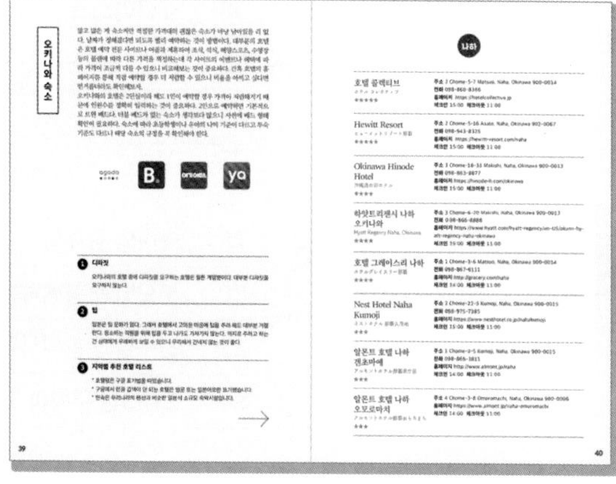

CONTENTS

리조트 중심 일정

Okinawa Resort Travel Plan

Travel Information by Area

오키나와 숙소

Okinawa Accommodations

오키나와 미리보기

Okinawa Preview

한눈에 보는 오키나와

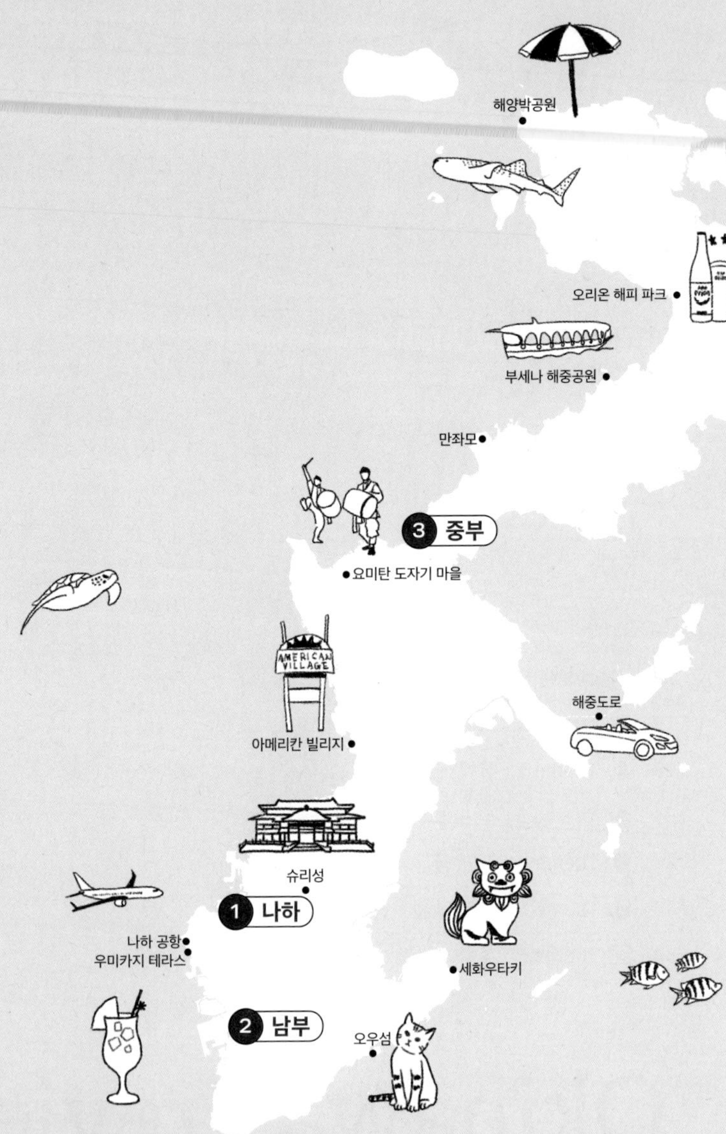
해양박공원
오리온 해피 파크
부세나 해중공원
만좌모
3 중부
요미탄 도자기 마을
AMERICAN VILLAGE
아메리칸 빌리지
해중도로
슈리성
1 나하
나하 공항
우미카지 테라스
세화우타키
2 남부
오우섬

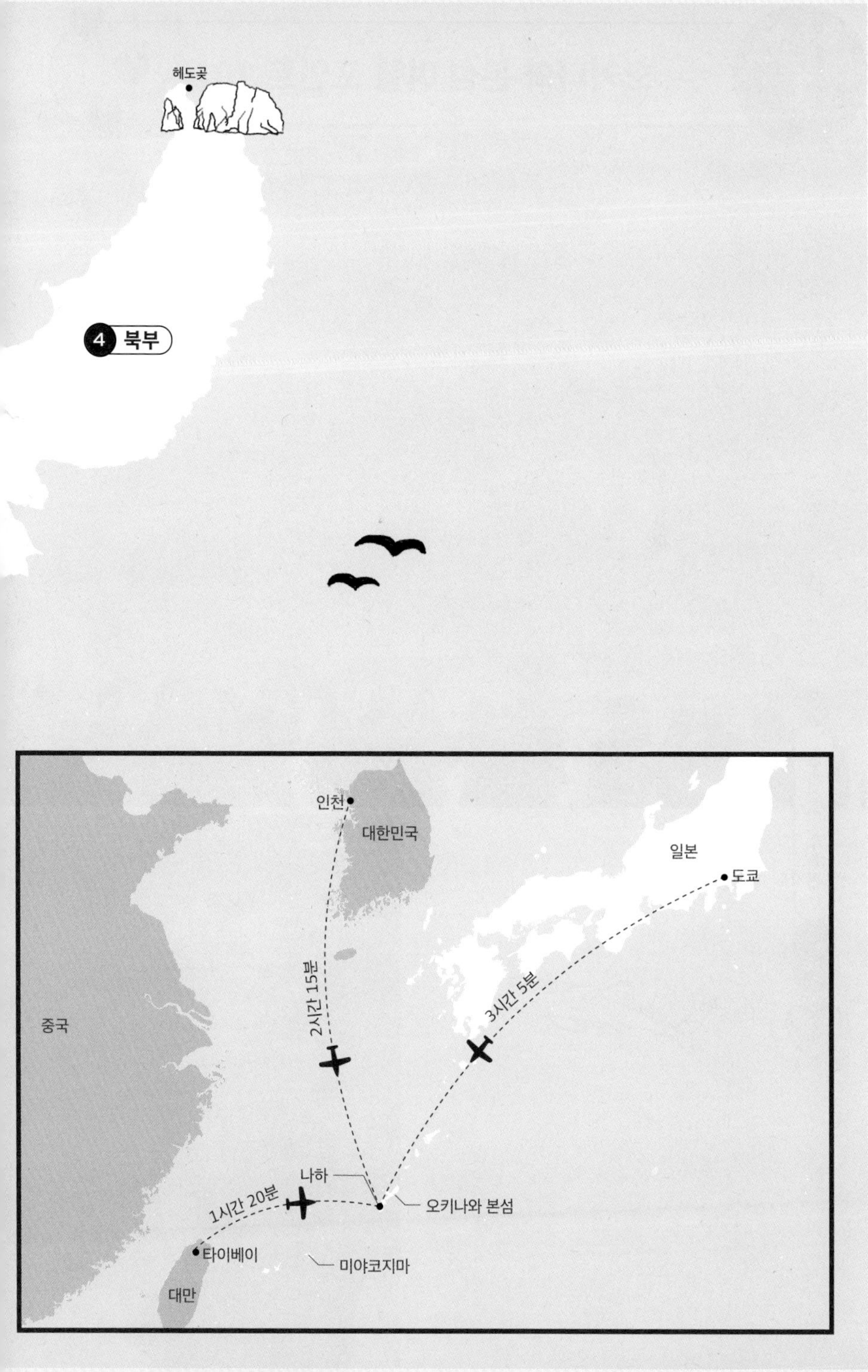

인천
대한민국
일본
도쿄
2시간 15분
3시간 5분
중국
나하
오키나와 본섬
1시간 20분
타이베이
미야코지마
대만

THEME 1

오키나와 본섬 여행 포인트 10

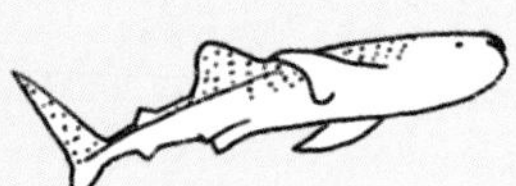

비세마을 후쿠기 가로수길

P.202

2

류큐무라

P.156

3

만좌모
P.153
4

요미탄 도자기 마을

P.159

5

가쓰렌 성터

P.162

6

7 슈리성 공원

P.112

8 국제거리

P.106

오키나와월드

P.137

9

치넨미사키 공원

P.135

10

유네스코 세계문화유산

슈리 성터

P.112

1

소노햔우타키 석문
P.114
2
옥릉
P.116
3

시키나엔
P.117
4
자키미 성터
P.160
5

나키진 성터

P.197

6

7 나카구스쿠 성터

P.163

가쓰렌 성터

P.162

8

세화우타키

P.134

9

THEME 3

오키나와 본섬 스노클링 포인트

1 세소코 비치 P.206

2 비세자키 비치 P.203

3 고릴라촙 P.196

4 푸른 동굴 & 마에다곶 P.158

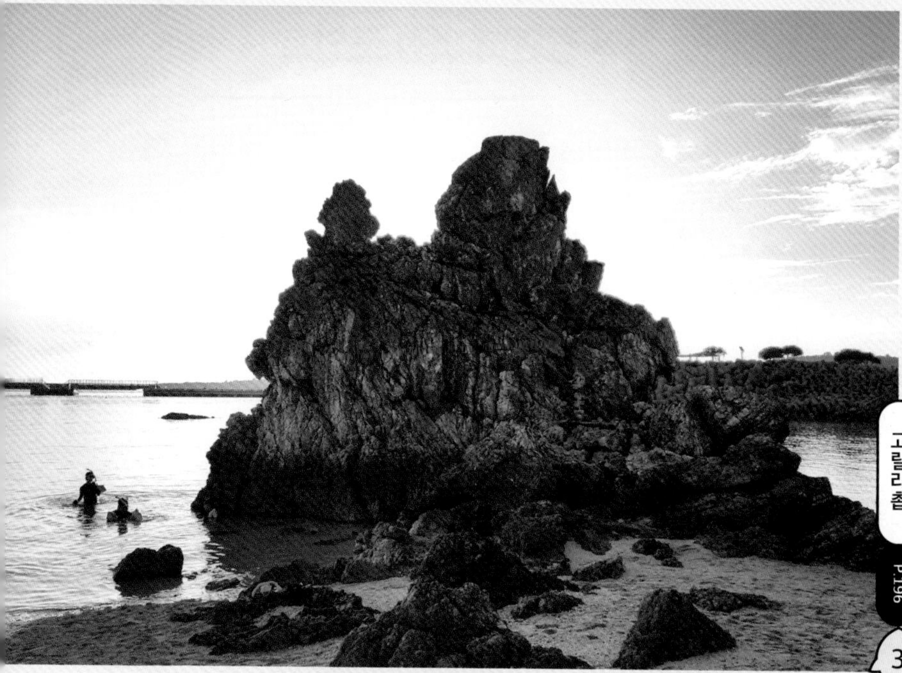

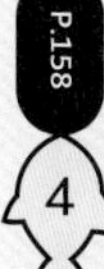

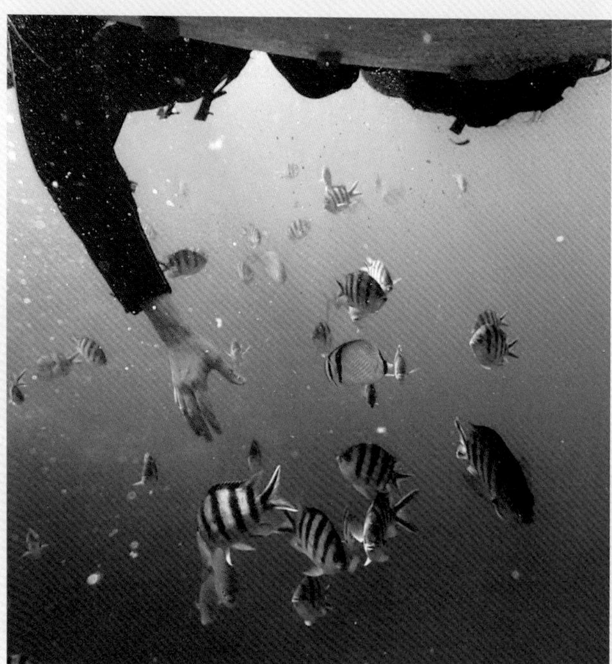

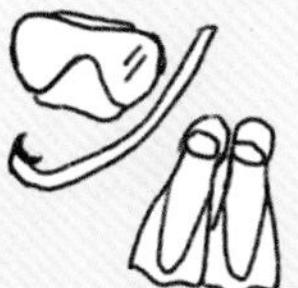

THEME 4

자연 경관이 멋진 포인트

치넨미사키 P.135 1

잔파곶 P.157 2

해중도로 드라이브
P.165
3
카호 절벽
P.165
4

5

비세마을 후쿠기 가로수길

P.202

6 코우리 대교 & 코우리 오션타워 P.193

7 대석림산 P.191

풍경 맛집 식당 & 카페

카진호

P.213

1

2
아넷타이차야
P.214

3
야치문킷사시사엔
P.215

반타 카페

P.184

4

OOLOO

P.146

5

6

하마베노차야

P.145

7

카페 야부사치

P.144

뚜벅이가 가기 좋은 관광지

해양박 공원(추라우미 수족관) & 비세자키

대중교통으로 정말 편하게 갈 수 있는 곳 중 하나다. 추라우미 수족관을 중심으로 보고 비세마을 후쿠기 가로수길과 비세마을까지 모두 걸어 다닐 수 있다. 더위를 견딜 수만 있다면!

P.198

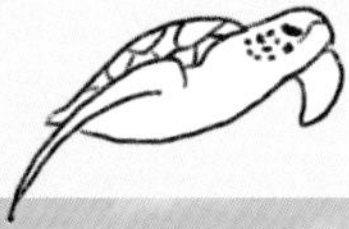

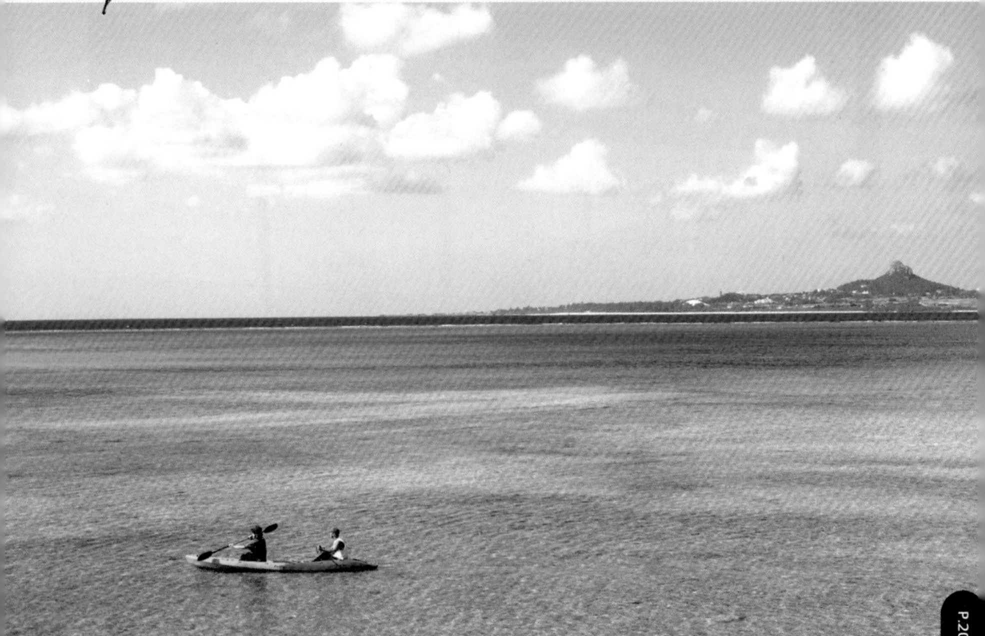

P.203

나하 시내

유이레일과 버스를 조합하면 구석구석 여행이 가능하다.

아메리칸 빌리지

P.170

버스도 자주 있고 바로 앞에 내린다. 다만 일행이 3~4명이라면 비용이 조금 더 들더라도 택시가 나을 수 있다.

藍染工房
INDIGO-DYE STUDIO

P.137

치넨미사키 & 세화우타키

P.135

버스 타기도 편하고 바로 앞에 내리기 때문에 여행하기 좋다.
세화우타키를 보고 치넨미사키까지 걸어서 이동이 가능하지만
도로를 따라 걸어야 한다. 안전에 유의하자.

P.134

오키나와 알아가기

Getting to know Okinawa

오키나와 기초 정보

OKINAWA
沖縄県

국가명

일본
JAPAN

언어

일본어
류큐어(오키나와 방언)

오키나와 인구

약 146만 명

- 대전광역시 143만 명
- 인구의 90%가 본섬에 거주

오키나와 면적

본섬 1,207㎢,
주변 섬 포함 2,281㎢

- 제주도 1,850㎢

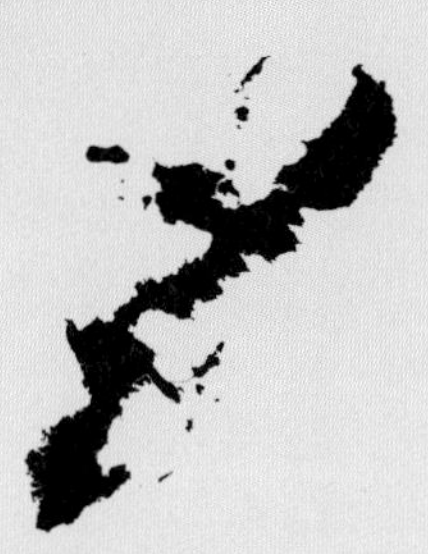

기후

연평균 22℃

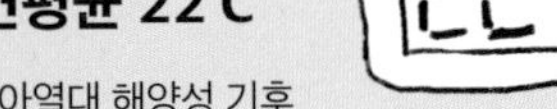

- 아열대 해양성 기후
- 겨울(1~2월), 봄(3월), 여름(4~10월), 가을(11~12월)

화폐 단위

일본 円(엔)

Japanese Yen : JP¥

시차

없음

전압

100V

- 돼지코라 부르는 11자 모양 콘센트 플러그나 멀티 어댑터 필요

전화

일본 국가번호 **81**

오키나와 지역번호 **098**

비행 소요시간

약 2시간 15분

- 인천에서 직항 기준

여행시기

● 성수기

6월 중순~7월 중순, 9~10월 초·중순

● 극성수기

7월 19일~8월 31일	**여름 성수기**
4월 말~5월 6일	**골든 위크**
9월 15일~9월 18일	**실버 위크**
8월 10일~8월 15일	**일본 추석 연휴**
12월 28일~1월 5일	**연말연시**

- 리조트 등의 숙박 요금이 일제히 오르는 시기로 2~3배씩 오르는 건 보통이다. 다만, 나하 시내의 비즈니스급 호텔은 요금이 오르지 않는다.

● 비수기

10월 중순~6월 중순

● 공휴일

1월 1일	**설날**
1월 둘째 주 월요일	**성인의 날**
2월 11일	**건국 기념일**
2월 23일	**일왕 탄생일**
3월 20일 또는 21일	**춘분의 날**
4월 29일	**쇼와의 날**
5월 3일	**헌법 기념일**
5월 4일	**녹색의 날**
5월 5일	**어린이날**
6월 23일	**위령의 날**
7월 셋째 주 월요일	**바다의 날**
8월 11일	**산의 날**
9월 셋째 주 월요일	**경로의 날**
9월 22일 또는 23일	**추분의 날**
10월 둘째 주 월요일	**체육의 날**
11월 3일	**문화의 날**
11월 23일	**노동 감사의 날**

- 우리나라처럼 공휴일과 겹치는 경우 대체휴일이 적용된다.

출입국

Q 여권 만들 때 준비물은 무엇인가요?

① 여권 발급 신청서
② 신분증
③ 여권용 사진 1매(6개월 이내 촬영한 사진)
④ 병역 관계 서류(18세 이상 37세 이하 남자의 경우)
⑤ 여권 발급 수수료(단수 : 15,000원, 복수 : 30,000~50,000원)

* 외교부 여권 안내 **홈페이지** www.passport.go.kr

Q 오키나와 여행에 비자(Visa)가 필요한가요?

필요 없습니다. 여권 유효 기간이 3개월 이상 남은 경우 **최대 90일까지 무비자**로 체류할 수 있습니다.

Q 오키나와까지 직항편이 있나요?

대한항공과 아시아나항공, 진에어, 제주항공, T-way가 오키나와 본섬까지 직항편을 운항합니다. 본섬과 함께 이시가키지마를 거점으로 한 야에야마 제도를 여행하는 경우 일본 국내선 항공편으로 환승하면 됩니다. 미야코지마로 가는 직항편은 최근 국내에서 직항편 운항을 시작했습니다.

Q 항공, 숙소, 렌터카 중 무엇을 먼저 예약해야 하나요?

항공권 예약과 동시에 숙소와 렌터카도 빠르게 예약해야 합니다. 항공권 발권을 마쳤는데 숙소와 렌터카를 구하지 못하는 경우도 생길 수 있거든요. 반드시 항공권 발권 전에 숙소와 렌터카 예약을 마치세요.

Q 일본 입국신고서 작성은 어떻게 해야 하나요?

종이로 작성하기보다는 '**비짓재팬**'을 이용해 사전에 작성해두면 편리합니다. 동반 가족이나 대리 입력도 가능하고 한국어 지원이 되기 때문에 작성하기가 그리 어렵지 않습니다. 입국 신고가 완료되면 QR코드가 발급되며 해당 QR코드는 입국 심사 내내 필요하다는 점도 잊지 마세요.
https://services.digital.go.jp/ko/visit-japan-web

Visit Japan Web　　　　　　　　　　　　　　　　　　　　　　　　　　Language

Visit Japan Web

입국 절차（입국 심사, 세관 신고）및 면세 구입에 필요한 정보를 등록할 수 있는 웹 서비스입니다.

이용 시작하기

Q 동반 가족도 일일이 비짓재팬에 등록해야 하나요?

원칙적으로는 비짓재팬을 이용하기 위해서 1인당 1개의 계정을 만들어서 사용해야 하지만 가족이 동시에 입국 수속을 밟는 경우, 대표자 계정에 동반 가족을 등록하여 **하나의 계정으로 동반 가족의 QR코드를 생성**할 수 있습니다.

Q 나하공항 입국 수속에 시간이 얼마나 걸리나요?

입국 심사 수속 시간은 **약 30분~1시간** 정도 걸립니다. 렌터카를 예약한다면 도착 시간으로부터 1시간 30분 이후 시간 정도로 예약하길 추천합니다. 공항에서 렌터카 사무소까지 이동하는 시간이 보통 20~30분 정도 소요됩니다.

환전

2,000엔 지폐는 잘 사용하지 않아요.

Q 일본의 현금 종류를 알려주세요!

일본 돈은 **엔**(JPY, ¥)으로 부르고, 1,000, 2,000, 5,000, 10,000엔 4가지 지폐와 1, 5, 10, 50, 100, 500엔 6가지 동전으로 구성되어 있습니다.

1,000¥　5,000¥　10,000¥

1¥　5¥　10¥　50¥　100¥　500¥

Q 카드를 쓰면 될 것 같은데 환전을 꼭 해야 할까요?

요즘 트래블월렛, 트래블로그 등을 사용하면 수수료도 없고 현금을 가지고 다닐 필요도 없어 편리하죠. 다만, 오키나와의 개인 상점이나 식당, 해양 스포츠 이용 등에서는 현금만 가능한 경우가 많기 때문에 약간의 현금은 준비해 가는 것이 좋습니다. 카드에 환전을 해두고도 부족할 경우 오키나와에서 ATM을 이용해 인출하는 것도 방법이에요. 트래블로그는 세븐일레븐 ATM, 트래블월렛은 이온 ATM에서 수수료 없이 인출이 가능해요.

Q 트래블 OO카드 꼭 만들어야 하나요?

하나 정도 있으면 없는 것보다 편리하기는 합니다. 트래블로그, 트래블월렛, 신한 SOL트래블 체크카드 등 우후죽순으로 여행과 환전에 혜택이 있는 카드들이 생겨났지만 자주 여행을 하는 게 아니면 굳이 추천하지는 않습니다. 그냥 가지고 있는 카드를 사용하는 것도 괜찮습니다. 수수료가 절약된다고는 하지만 환전한 금액만큼 다 쓰지 않아 재환전이 필요한 경우 등은 수수료가 발생하기도 하기 때문에 그리 득이 아닐 수도 있거든요. 신한 SOL트래블 체크카드는 환전해 둔 금액이 부족할 경우 자동으로 부족한 금액만큼 환전되는 기능도 있습니다. 수수료와 혜택 등을 잘 비교해 보고 발급받길 추천합니다.

여행 준비물

Q 오키나와 여행에 준비하면 좋은 것들이 있을까요?

오키나와의 차량은 선팅이 되어 있지 않아 창문으로 **강렬한 햇빛**이 그대로 들어옵니다. 렌터카를 이용한다면 햇빛 가리개, 선글라스, 쿨토시 등을 준비하는 게 좋아요. 또한 해열제, 진통제, 소화제, 밴드 정도는 그리 무겁지 않으니 준비해 가면 좋습니다. 편의점이 많아 대부분 구할 수 있다지만 갑자기 아프면 당황하기 마련이고 꼭 급할 땐 눈에 띄지 않거든요. 특히 일본의 **의약품은 비싼 편!** 편의점 타이레놀이 우리나라의 거의 3배 정도 합니다.

Q 이건 정말 유용하다! 하는 물품은?

오키나와에서는 차량에 음료수를 두고 내렸다가 타면 순식간에 얼음이 물이 되어 있는 마법을 경험할 수 있습니다. 아이스박스를 들고 가면 좋겠지만 부피도 무게도 감당되지 않을 수 있으니 **보냉백**을 준비해 유용하게 사용해 보세요.

Q 현지 유심 해야 하나요?

포켓와이파이, 유심(u-sim), 이심(e-sim), 로밍은 선택하시기 나름이에요. 각각 비용이 다르고 사용하는 휴대폰, 통신사마다 차이가 있어서 본인에게 맞는 걸로 하는 게 가장 좋습니다. 한국에서 오는 전화를 받거나 하는 게 아니고, 사용하는 휴대폰이 이심이 가능하다면 이심을 가장 추천합니다. 이심도 회사가 참 많지만 로밍도깨비나 도시락 이심 정도가 적당합니다. 포켓와이파이는 한 기기로 여러 명이 함께 이용할 수 있지만 기기를 가지고 있는 일행과 멀어질 경우 인터넷을 사용할 수 없기도 하니 주의! 휴대폰만 한 사이즈의 다른 기기를 하나 더 늘 가지고 다녀야 하는 것도 단점입니다.

Q 스노클링을 꼭 할 생각인데 장비를 다 가지고 가야 할까요?

여행 기간 내내 자주 스노클링을 할 예정이라면 당연히 개인 장비를 가져가는 게 좋습니다. 하지만 장비가 많으면 짐이 되기도 합니다. 비치타월과 방수 비치백 정도만 준비하고 나머지는 비치 입구에 마련된 렌털 숍에서 빌리는 것도 방법입니다. 스노클, 구명조끼, 오리발 등은 1,000엔 내외입니다. 샤워장이나 코인 라커는 현금만 가능한 경우가 많으니 엔화 동전을 준비하세요.

날씨

Q 오키나와, 많이 덥나요? 태풍은요?

아열대성 기후를 가지고 있어 햇빛이 강렬하고 습도까지 매우 높아 무덥고 자외선도 우리나라의 5배 이상입니다. 봄과 겨울의 날씨 변동이 심하고 **5월 초·중순**부터 장마가 됩니다. 오키나와의 태풍은 주로 **6~10월** 사이 발생하는데, 보통 **7~9월**에 가장 많고 **6월이나 10월**에 발생하기도 합니다. 드물지만 **5월**에도 태풍이 올 수 있어요. 그야말로 복불복! 태풍의 영향권에 들면 짧게는 반나절, 길게는 2~3일 정도 영향을 받습니다.

Q 태풍 때문에 결항하면 어떻게 해야 하나요?

출국편 항공기가 결항되면 대부분 **100% 환불**되지만, **귀국편 항공기**가 결항되면 천재지변에 의한 것으로 추가 체류비용을 **본인이 부담**해야 합니다. 비상용 신용카드나 현금을 준비하는 것이 좋습니다.

Q 오키나와에도 장마가 있나요?

네. 통상적으로 **5월 둘째 주쯤 시작되어 6월 중순경** 끝나지만 매년 조금씩 다릅니다. 장마가 끝났다 하더라도 맑은 날씨에 갑자기 스콜성 비가 내리기도 합니다.

Q 날씨가 변덕스럽다고 하던데요?

SNS 후기들의 사진은 대부분 맑고 쾌청한 하늘에 에메랄드빛 바닷물입니다. 하지만 종잡을 수 없는 게 오키나와 날씨예요. 나하공항에선 맑다가 중부를 통과할 때 폭우가 내리고 북부에 가면 다시 맑아지기도 합니다. 또한 덥다~덥다~ 하지만 바람이 많이 불어 생각보다 안 덥게 느껴질 수도 있어요. 다만 미친 듯 날리는 머리카락에 정신을 못 차릴 수 있으니 머리끈이나 고정할 수 있는 모자 등을 준비하길 추천합니다.

Q 최적의 여행 시기를 알려주세요!

적당히 더우면서 비치에서 물놀이도 가능하고 일반적인 리조트 요금이면서 태풍이 발생할 확률이 낮은 시기까지 고려하면 **5월 중순~6월 초와 9~10월**을 추천합니다. 다만, 6월 초순은 장마일 수 있으니 날씨를 확인하는 게 좋습니다.
찜통더위가 시작되는 7, 8, 9월은 5분도 걷기 힘들 정도로 더워요. 미치게 덥지만 그만큼 바다 색깔이 가장 예쁜 시기이기도 하죠. 이때 방문한다면 물놀이 위주의 휴양 여행으로 콘셉트를 잡는 것을 추천합니다! 다만 태풍에는 늘 대비해 일기예보를 챙겨 보는 것이 중요합니다. 물놀이가 아닌 관광 위주의 여행이라면 11~4월이 좋습니다.

물놀이

Q 스노클링, 스쿠버다이빙은 아무 때나 할 수 있나요?

한겨울인 12~2월이나 바다 날씨가 좋지 않을 때가 아니라면 대부분 가능합니다. 오키나와의 바다 평균 수온이 20℃ 정도로 따뜻하기 때문입니다. 3, 4월이나 11월이 도리어 사람이 붐비지 않아 더 좋을 수 있어요.

Q 비가 오면 수영 못 하나요?

비가 많이 오거나 바람이 세게 불면 수영이 금지됩니다.

Q 오키나와의 비치 개장은 언제 하나요?

4~10월이지만 매년 온도에 따라 물에 들어가기에 추울 때가 있습니다. 비치 개장이라는 뜻은 비치에 안전요원이 배치되어 사고에 대한 대응이 가능한 시기를 말하

는데요. 개장하지 않았거나 안전요원이 없는 곳에서도 물놀이는 가능하지만 혹시 모를 사고가 발생할 경우 본인이 책임져야 합니다.

Q 비치 오픈 시간 외에는 머무르는 것도 안 되나요?

물놀이를 하지 않아도 머무르는 건 **대부분 가능**합니다. 다만 비치나 주차장에 별도의 출입문이 있는 곳은 오픈 시간 외에 개방하지 않는 경우도 있습니다.

Q 리조트 풀장은 아무 때나 이용할 수 있나요?

리조트 내 옥외풀 개장 기간은 통상 4~10월로 비치 개장 기간과 동일합니다. 단, 10월 말에는 개장했다 하더라도 한낮을 제외하고는 추울 수 있습니다. 11월부터는 옥외풀은 이용이 안 되고 실내풀 또는 스파 이용만 가능한 경우가 많습니다. 이때는 실내풀 시설이 잘되어 있는 리조트나 야외 온수풀이 있는 리조트를 선택하는 것이 좋습니다. 비치타워 리조트 추라유, ANA 인터컨티넨탈 만자비치리조트가 인기가 있습니다.

세금 환급

Q 세금 환급 받을 수 있나요?

일본 체류 6개월 미만의 외국인 여행자에 한해 세금 환급 신청을 하면 **소비세 8%**의 면세 혜택을 적용받을 수 있습니다. Tax-free라고 표기된 곳에서만 가능하며, 적용 범위는 하루에 동일한 장소에서 **5,000엔 이상 구입**한 경우입니다. 본인의 여권 지참은 필수! 보통은 현장에서 면세 혜택을 적용해 세금을 제외하고 결제하지만 공항에서 환급 받아야 하는 경우도 있습니다.

Q 공항에서의 세금 환급 절차도 알려주세요!

① 한 곳에서 5,000엔 이상 구매
② 매장 직원에게 Tax Refund를 요청하고 여권 제시
③ 환급 서류에 서명
④ 세금 포함 금액으로 계산
⑤ 출국할 때 공항 내에 위치한 세관 카운터에 방문
⑥ 여권, 항공권, 구입한 제품(미개봉), 환급 서류, 영수증 제시
⑦ 확인 후 직원이 서류 회수

오키나와 역사

지금의 오키나와는 세상 평화로운 풍경을 간직한 휴양지의 모습이지만 아픈 상처가 많은 곳이다. 현재는 일본의 영토이지만 약 130년 전까지만 해도 중국, 동남아시아, 일본, 조선과 활발하게 교류를 해왔던 '류큐 琉球'라는 독립 국가였다. 인종이 다름은 물론 류큐 민족 고유의 언어(우치나구치 うちなーぐち)도 있는 등 독자적인 역사와 문화를 가지고 있었다.
1879년 '류큐처분'이라는 명목으로 일본이 무력으로 류큐를 점령한 후 450년간 이어온 류큐 왕국이 멸망하고 일본의 한 지역인 '오키나와'라는 이름으로 개칭되며 일본 영토로 편입되었다. 1945년 태평양 전쟁 때는 일본 본토를 사수하기 위한 작전으로 오키나와에서 지상전이 일어나 전쟁과는 아무 상관없는 수많은 오키나와 주민들이 희생되었다. 결국 일본이 패전하며 오키나와는 일본 본토에서 분리되어 27년간 미국의 통치를 받았으나 1972년에 다시 일본으로 반환되어 지금의 일본 영토가 되었다.
이런 역사적 배경으로 인해 류큐 문화에 중국, 미국, 일본, 조선 등 동서양의 문화가 절묘하게 혼재되어 오키나와만의 이국적인 문화가 생성되었다.

전통 문화

일본이면서 일본이 아닌 오키나와는 곳곳에서 류큐 왕국의 맥을 이어온 전통 문화를 만날 수 있다. 어디서나 볼 수 있는 시사, 여행지 어디선가 들려오는 낭랑한 산신의 선율, 한 번 보고 나면 흥이 가라앉지 않는 에이사까지 알고 여행하면 더 재밌다.

시사
シーサー
Shisa

도쿄에 마네키네코가 있다면 오키나와에는 시사가 있다고 말한다. 사자 모양을 한 시사는 액운을 물리친다는 오키나와의 상상 속 동물로 일반 가옥과 공공장소 어디에서나 만날 수 있다. 일반적으로 도자기로 구워 지붕 위에 올려져 있는데 암컷과 수컷이 쌍을 이룬다. 입을 벌리고 있는 것은 수컷, 다문 것은 암컷으로 수컷은 액을 몰아내고 암컷은 행운을 물고 놓아주지 않는다고 한다. 오키나와 토산품 가게라면 다양한 색과 사이즈의 시사를 판매하고 있으며 나만의 시사 만들기 체험을 해볼 수 있는 곳들도 많다.

산신
三線

오키나와 전통 현악기로 일본 본토에서는 '샤미센'이라고 부른다. 크기는 샤미센보다 약간 작고 나무 부분은 옻칠을 하고 몸통 부분은 뱀가죽을 이용해 만들어 화려한 무늬가 돋보인다. 3개의 현을 튕겨 내는 특유의 선율은 오키나와의 정취를 느끼게 해준다.

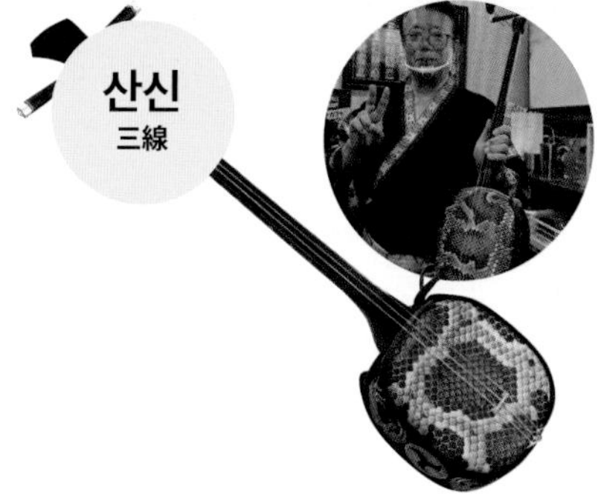

에이사
エイサー

일본의 중추절인 오봉(음력 7월 15일) 때 조상을 맞이하기 위해 추는 전통 춤으로 400년이 넘는 역사를 자랑한다. 오봉은 1년에 한 번 조상이 후손을 찾아오는 날로 후손들은 조상에게 예를 다하기 위해 음식을 차리고 에이사를 춘다. 가정과 마을의 무병, 무사, 평화를 기원하고 조상에게 감사를 드리는 의식으로 산신, 북, 노래가 어우러진 에이사는 역동적이고 활기차 흥을 돋운다.

빈가타
紅型
Bingata

오키나와의 옛 지명인 류큐 琉球의 전통 문양 염색 기법으로 '류큐 왕국' 시절 중국, 일본, 한국 및 동남아시아와의 광범위한 교류를 통해 그들의 문화를 흡수하며 오키나와의 독자적인 염색 기법으로 발전했다. 오키나와의 자연경관을 반영한 풍부한 색채를 그대로 옮겨 닮은 천연염료와 안료를 이용해서 꽃, 물, 생선 등의 자연물을 선명한 색채와 대담한 배색의 패턴으로 보여준다. 일명 오키나와 셔츠라 부르는 커다란 꽃무늬들이 있는 패턴도 여기서 유래되어 시작됐다.

류큐 유리공예

전쟁 이후 미국의 식민 지배를 받게 된 오키나와 사람들은 생존을 위해 미군에 의존해서 살아갈 수밖에 없었다. 전쟁 이후 별다른 지하자원이 없는 땅에서 오키나와 주민들은 미군 기지에서 나오는 버려진 콜라병, 맥주병 등을 모으고 이를 녹여 컵이나 그릇을 만들어 미군과 관광객들에게 팔았다. 전통주 아와모리 泡盛의 화려한 술잔도 여기서 출발했다.

오키나와 음식

오키나와에는 음식은 있지만 요리는 없다는 말이 있다. 더운 지방이라 음식이 빨리 상하기 때문에 간을 짜게 하고 튀기고 볶는 방식이 대부분이다. 4면이 바다이지만 오키나와의 생선은 따뜻한 바다에서 나기 때문에 살이 물러 쫄깃한 맛이 나지 않는다. 개인차가 있어 살이 무른 것을 부드럽다고 평가하기도 하지만 쫄깃한 식감의 회를 기대한다면 맛이 없다고 생각할 수 있다.
과거 류큐 왕국부터 이어져 내려오는 류큐 전통 음식과 오랜 시간 미군 기지가 상주하고 있었던 탓에 미국의 영향을 받은 음식 그리고 일본 본토의 음식까지 먹거리가 다양하다. 오키나와인들의 생활 속에 녹아들 듯 자리한 오키나와의 먹거리들은 여행 중에 접하기 어렵지 않은 것이 특징이다.

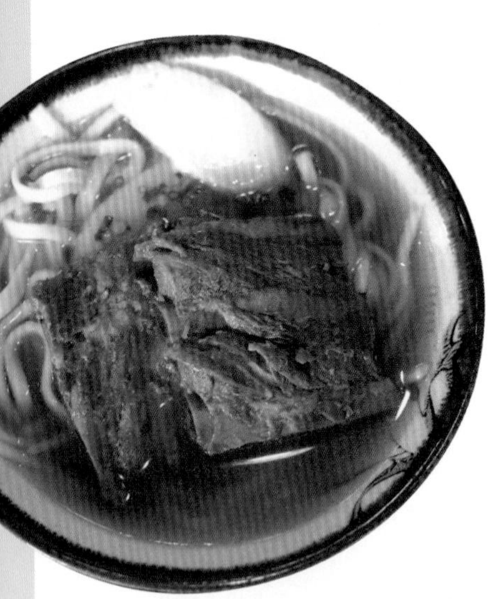

오키나와 소바

沖縄そば

오키나와를 대표하는 음식 중 하나다. 우리가 흔히 아는 소바는 메밀을 이용하지만 오키나와 소바는 밀가루 면을 이용한다. 돼지 뼈, 가츠오부시, 다시마 등을 이용해 국물을 내기 때문에 국물은 돈코츠 라멘에 가깝고 면발은 살짝 덜 익힌 칼국수 같은 느낌이다. 느끼하지 않고 구수한 게 질리지 않는 맛이다.
오키나와 사람들의 소울푸드인 오키나와 소바는 지역 이름으로 불리기도 한다. 슈리 소바 首里そば, 난부 소바 南部そば, 얀바루 소바 山原そば, 이토만 소바 糸満そば 등 지역에 따라 개성 있는 소바를 맛볼 수 있다.

고야 찬푸르

ゴーヤチャンプルー

더위 탓에 음식이 빨리 상해 볶음 요리가 발달한 오키나와에서 빠질 수 없는 음식이다. '찬푸르'는 이 음식 저 음식을 섞어서 조리한 음식을 뜻한다. 우리나라에서는 여주라고 부르는 고야는 박과에 속하는 열매채소로 비타민C가 레몬, 오이보다 많고 영양분이 풍부해 우미부도와 함께 오키나와의 장수 비결 중 하나로 손꼽힌다. 오득오득 아삭한 식감에 쌉쌀한 맛의 고야와 함께 부추, 돼지고기, 스팸, 두부 등을 볶아낸다. 오키나와 사람들은 우리의 김치만큼이나 즐겨 먹지만 쌉쌀한 맛 때문에 여행객들의 입맛에는 호불호가 갈린다.

A&W

1919년 미국에서 시작된 패스트푸드 레스토랑 체인이자 루트 비어 브랜드다. 오키나와에 A&W가 처음 문을 연 때는 1963년, 이제 본국에서는 거의 찾아볼 수가 없지만 오키나와에는 약 20개의 지점이 있다. 시그니처 메뉴인 A&W 버거는 깨가 잔뜩 뿌려진 빵 사이에 소고기 패티와 베이컨, 상추와 토마토가 있고, 두터운 모차렐라 치즈가 감칠맛을 더한다. 보통은 버거와 콜라 대체 음료인 루트 비어가 함께 있는 콤보 세트가 기본이다. 루트 비어는 19세기부터 미국 가정에서 직접 만들어 마신 무알코올 청량음료로 허브, 나무껍질 등의 약재가 원료다.

스테이크

태평양 전쟁 후 미국이 들어오면서 오키나와에 전해졌고, 오키나와 스타일로 바뀌면서 정착된 음식이다. 불에 달군 석판에 채소와 함께 내오는데 먹는 동안에도 지글지글 소리를 내며 익어간다. 우리나라 여행자들에게 잘 알려진 스테이크집으로는 스테이크하우스88, 샘스스테이크, 얏빠리스테이크 등이 있다. 국제거리와 여행지 곳곳에 분점도 많이 있다. 스테이크하우스88은 지점도 많고 스테이크 종류도 많다. 고기는 야에야마 제도 이시가키섬의 소고기를 최고로 친다. 물론 가격도 좀 비싼 편이다.

타코라이스

タコライス

타코와 치즈, 양상추, 토마토를 쌀밥 위에 올린 오키나와 요리로 문어를 뜻하는 일본어 '타코'가 아닌 멕시코 요리 타코를 밥 위에 얹어내는 퓨전 요리다. 오리지널 멕시코식 타코는 향신료를 넣어 볶은 고기, 치즈, 토마토, 양배추 등을 토르티야에 올려 먹는 반면 오키나와의 타코라이스는 토르티야 대신 밥을 이용한다. 입안 가득 치즈의 향과 맛이 느껴지면서도 양상추 등 생채소가 들어 있어 산뜻하고, 살사소스가 들어가서 살짝 매콤한 편이다.

블루실

Blue Seal

1948년 오키나와 미군시설 내에서 창업해 지금까지 사랑받고 있는 아이스크림 전문점이다. 오리지널 레시피를 베이스로 아메리칸 풍미부터 오키나와현산 재료를 살린 오키나와 풍미까지 다양한 종류의 아이스크림이 있다. 젤라토처럼 쫀득한 식감에 과하게 달지 않아서 먹으면 먹을수록 당기는 맛. 오키나와 여행을 간다면 꼭 먹어봐야 할 음식으로 꼽히지만 기대보다 임팩트 있는 맛은 아닐 수 있다. 매장에 일부러 들르지 않아도 호텔 조식이나 편의점 등에서 쉽게 맛볼 수 있다.

젠자이

ぜんざい

우리나라의 팥빙수와 비슷하지만, 팥 대신 설탕에 졸인 강낭콩이 들어간다. 일본 본토에서 젠자이는 따뜻한 팥죽을 의미하지만 오키나와에서는 팥빙수처럼 얼음 위에 설탕을 졸인 강낭콩과 쫀득한 젠자 경단을 올려준다. 흑설탕이나 시럽을 뿌려 먹는데 우리나라의 진한 팥빙수에 익숙하다면 심심하다고 느낄 수 있다.

베니이모 타르트

紅芋タルト

진한 보라색, 자줏빛을 띤 오키나와 토종 고구마로 만든 오키나와 요미탄 지역의 대표적인 특산물이다. 자색 고구마를 직접 먹기보다 이를 재료로 한 타르트가 인기. 오키나와산 자색 고구마로 만든 필링을 작은 배 모양의 반죽 위에 올려 구워낸다. 본연의 맛을 살리기 위해 보존료나 착색료 등이 들어가지 않아 유통기간이 짧은 편이다.

사타안다기

サーターアンダーギー

류큐 왕국부터 이어져 내려오는 오키나와 전통 과자 중 하나로 밀가루, 설탕, 달걀을 섞어 반죽해 경단처럼 빚어 튀겨낸 간식이다. 오키나와 방언으로 설탕을 뜻하는 '사타', 튀김을 뜻하는 '안다기'에서 유래한 이름으로 일명 '설탕튀김'이라고도 불린다. 바삭한 식감과 달콤한 맛이 일품이지만 칼로리가 생각보다 높다.

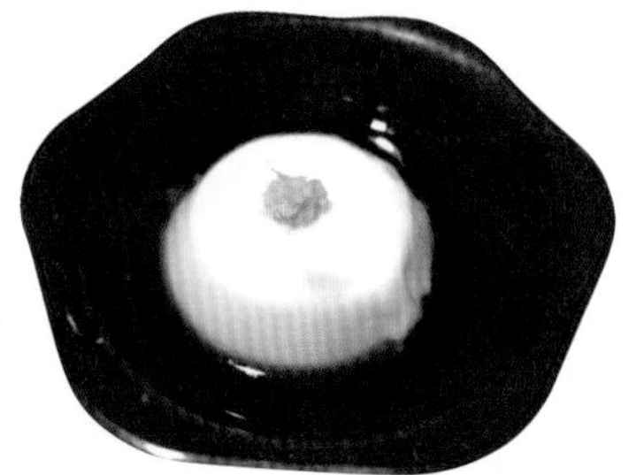

지마미 두부

ジーマーミ豆腐

콩이 아닌 땅콩으로 만든 두부. 고구마 전분을 섞어 찰진 쫀득함이 살아 있다. 생긴 모습은 우리나라의 순두부 같지만 순두부보다 쫀득쫀득하면서 땅콩이 들어가 고소한 맛이 난다. 떡과 젤리 사이의 식감쯤을 상상하면 비슷하다.

포크타마고

ポーク卵

런천 미트(또는 스팸)로 알려진 통조림 햄과 얇게 구운 달걀로 구성된 오키나와식 아침이다. 오키나와에서 '포크'라고 하면 '돼지고기'보다 '통조림 햄'이라는 의미로 통한다.

주시

ジューシー

다른 재료를 섞어 만든 밥을 말한다. 오키나와는 쌀이 귀한 편이었기 때문에 다른 재료를 섞어 양을 불린 주시 형태로 많이 만들어 먹었다. 간장 베이스의 소스에 쌀, 돼지고기, 당근, 해초 등을 넣고 만드는데, 우리나라의 영양밥과 비슷하다.

우미부도

海ぶどう

해초의 일종이다. '부도'는 일본어로 '포도'를 의미하는데 생김새가 포도 같아 붙여진 이름이다. 변비 해소와 예방에 도움을 주고 혈액 응고 작용과 혈액 중 칼슘 방출 억제 작용이 있어 동맥경화 예방에 좋다고 한다. 입안에서 톡톡 터지는 식감이 독특하고 씹으면 바다의 향이 가득하다. 오키나와에서는 시장이나 마트에서 흔히 볼 수 있다.

모즈쿠

もずく

우리나라에서는 '큰실말', 류큐어로는 스누이 スヌイ라 불리는 모즈쿠는 가느다란 실타래같이 생겼다. 모즈쿠라는 이름은 다른 해초에 달라붙어 자란다는 의미다. 오키나와 모즈쿠는 일본 다른 지역에서 수확되는 모즈쿠보다 굵은 것이 특징. 표면의 끈적거리는 점액 성분에는 항균 작용, 면역력 강화 작용, 항암 작용 등을 한다고 알려진 후코이단이 특히 풍부하다. 식이섬유, 미네랄, 칼슘 등도 함유돼 있으며, 저칼로리로 건강과 장수에도 뛰어난 효과가 있다고.

라후테(삼겹살 간장조림)

ラフテー

우리가 아는 동파육과 닮은 모양새를 하고 있는 라후테는 오키나와식 수육이라고 생각하면 쉽다. 더운 오키나와에서 오키나와 간장과 전통 술인 아와모리에 푹 졸여 만드는 저장 음식으로 가정식이다. 삼겹살 부위로 만들어진 라후테는 기름과 고기가 균형감 있게 섞인 고기를 잘 삶아 부드럽고 짭쪼름한 감칠맛을 내는 밥도둑이다.

아와모리

泡盛

일본에서 가장 오래된 증류주인 아와모리는 태국 쌀(인디카 쌀)로 누룩을 만들고 물과 효모를 넣어 발효시킨 뒤 단식 증류를 통해 빚어진 술이다. 무려 500년 동안이나 변함없이 이어져 온 제조법으로 오직 오키나와에서만 생산된다. 세계적으로도 희귀한 검은 누룩곰팡이와 살균력이 강한 구연산을 이용해 술을 빚는데 고온 다습한 오키나와는 발효에 최적의 조건을 갖춘 셈이다. 시간이 지날수록 성분이 숙성돼 맛이 부드러워지고 향이 강해지는 것이 특징이다. 오키나와인들은 기념일에 선물 받은 아와모리를 소중히 보관하는 풍습이 있다.

오키나와 특산 식재료

오키나와는 맑고 깨끗한 자연 덕에 싱싱하고 신선한 식재료가 풍부하다. 일본 본토와 다른 고유의 식문화를 형성한 데다 식민지배라는 아픈 과거를 거쳐 다양한 나라의 음식문화가 융합되기도 했다. 오키나와의 음식에 녹아들어 감칠맛을 더해주는 오키나와 특산 식재료를 만나보자.

시콰사

シークワーサー

겉은 청귤, 속은 유자를 닮은 열매로 오키나와에서는 시콰사, 일본 본토에서는 히라미레몬으로 불린다, 강한 신맛과 씁쌀한 맛이 나고 당도는 매우 낮은 편이다. 오키나와에서는 시콰사를 레몬처럼 사용하여, 시콰사의 과즙을 생선회나 구운 생선에 뿌려 먹기도 하고 술, 수프, 샐러드드레싱, 케이크 등의 요리에 추가하거나 생과일 그대로도 먹는다. 시콰사에는 항산화 작용에 뛰어난 비타민C와 피로 회복 효과가 있는 구연산이 풍부하게 함유돼 있다.

소금

塩

오키나와 소금은 다른 지역 소금에 비해 미네랄이 풍부하다고 알려져 있다. 풍부한 미네랄 함유량 덕에 기네스북에도 오른 오키나와 소금은 일반 식염에 비해 염분은 25% 낮고, 마그네슘은 200배, 칼륨은 10배에 달한다. 오키나와의 아이스크림 브랜드인 블루실 아이스크림에 '오키나와 소금 쿠키' 맛이 있을 정도. 오키나와현 지역에서 나오는 소금만 판매하는 기념품 숍도 있고 소금 박물관도 있다. 오키나와 소금은 산지에 따라 다양한 제조법과 특징을 지닌다.

흑당

黒糖

오키나와는 예로부터 지리적, 기후적 특성을 살려 사탕수수를 재배하고 흑당을 만들어 왔다. 오키나와현 전역에 있던 흑당 공장은 현재 8개의 섬(이헤야섬, 이에섬, 아구니섬, 다라마섬, 고하마섬, 이리오모테섬, 하테루마섬, 요나구니섬)에만 남아 있는데, 사탕수수 즙을 짜서 그대로 졸이는 옛날 제조법을 현재도 지키고 있다. 정제되지 않은 흑당에는 칼슘·칼륨·철분 등의 미네랄, 비타민B1과 B2, 필수 아미노산 등이 풍부하다. 과하게 달지 않은 단맛으로 깊은 풍미와 그윽한 향을 자랑한다.

오키나와 대표 쇼핑 스폿

T갤러리아 오키나와 DFS

도심에 위치한 면세점으로 가방, 화장품, 액세서리 등 패션 아이템을 구입하고자 하는 관광객들이 주로 찾는다. 우리나라에 없는 한정판과 약 120여 개의 명품 브랜드들이 있어 면세 쇼핑을 원한다면 추천한다. 특히 셀린느 매장은 늘 붐비는 편이다.

돈키호테

오키나와뿐만 아니라 일본 전역에서 인기 있는 대형 할인점으로 없는 거 빼고 다 있다. 돈키호테에 가기 위해 국제거리에 숙박하는 사람도 있을 정도. 여행객이 많이 찾는 국제거리점에는 화장품부터 의약품, 장난감, 주류까지 없는 걸 찾기 어려울 정도로 아이템이 많다. 5,500엔 이상 쇼핑하면 면세 혜택을 받을 수 있으니 귀국 전 쇼핑을 위해 방문한다면 여권도 챙겨가자.

미나토가와 스테이트사이드 타운

외국인 주택단지라고 불리는 오키나와의 핫 플레이스이기도 하다. 골목마다 미국의 주(state) 이름으로 되어 있고 대부분의 가게가 아담한 편. 편집숍, 카페, 베이커리 등이 모여 있어 아기자기하고 예쁜, 조금은 특별한 쇼핑을 원한다면 추천한다.

이온몰

우리나라의 대형마트를 생각하면 크게 다르지 않다. 현지인들이 주로 먹는 식재료부터 과자, 음료, 공산품 등이 가득하다. 취사가 가능한 숙소에 숙박한다면 식재료나 밀키트, 먹거리, 도시락 등을 구입하기 좋다. 오키나와에 10개 이상의 지점이 있고 지점마다 규모가 다르다. 나하 이온몰과 라이카무점이 규모가 크니 기념품 등을 구입하려 한다면 추천한다.

오키나와 쇼핑템

아와모리

돈키호테를 포함해 국제거리의 상점들, 기념품 가게, 이온몰 등 어디서든 구입할 수 있다. 우리나라의 소주처럼 지역별로 종류도 맛도 다르다. 술이고 병이라 무겁고 깨지기 쉬우니 공항 면세점에서 구입하는 것도 방법이다.

베니이모 타르트

오키나와 여행 기념품으로 1순위. 오키나와 특산물 베니이모(자색고구마)를 이용해 만든 타르트로 전문점도 있지만 판매하는 곳이 많아 어디서든 구입할 수 있다.

도자기 그릇

기념품 숍 등에서 판매하지만 오키나와의 감성을 담은 도자기 그릇을 구입하고 싶다면 나하의 츠보야 도자기 거리, 중부의 요미탄 도자기 마을이나 미나토가와 외국인 주택단지의 숍들을 추천한다.

35커피 Sango Coffee

산호로 로스팅하는 커피로 오키나와에서만 만날 수 있다. 상품 매출의 3.5%를 산호 재생 활동에 이용한다고. 티백 형태로 포장된 패키지와 원두도 판매한다.

로이스 포테이토칩 초콜릿

로이스 감자칩의 오키나와 버전으로 이시카키 섬의 유키시오 소금을 사용해 만든 포테이토칩에 초콜릿이 덮여 있는 단짠 조합의 과자다. 한번 뜯으면 멈출 수 없는 마성의 맛으로 인기가 있지만 국제거리에는 파는 곳이 많지 않고 나하공항 국내선 기념품 숍 등에서 판매한다.

유키시오 산도

오키나와 소금 아이스크림으로 유명한 매장이지만 아이스크림은 호불호가 있다. 다양한 소금 외에 샌드, 휘낭시에, 센베 등의 과자가 있어 선물용으로 좋다. 공항에는 다양한 종류가 없기 때문에 국제거리 매장을 추천한다.

시사 장식품

오키나와를 지키는 수호신으로 기념품 숍 어디에서나 구입할 수 있다.

지마미 두부

오키나와 특산물로 땅콩으로 만든 두부다. 한 번에 먹기 좋은 단위로 간장과 함께 포장되어 있고 유통기한이 길어 선물용으로 좋다.

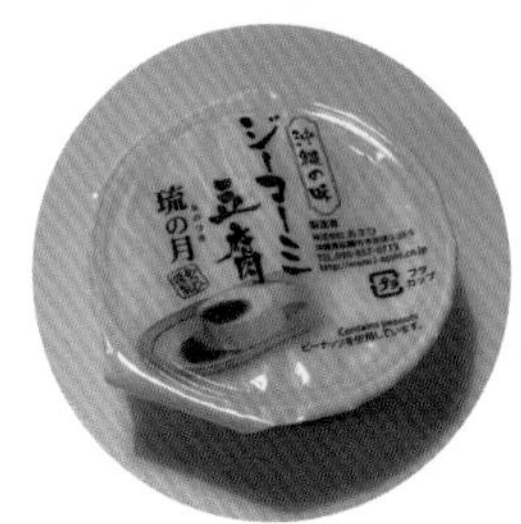

바움쿠헨

고급스러운 맛의 바움쿠헨 중에는 오키나와 특산물인 베니이모 맛도 있다. 달콤한 카스테라를 생각하면 비슷하다. 국제거리와 아메리칸 빌리지에 매장이 있고 공항 기념품 숍에서도 구입이 가능하다.

오리온 맥주

북부 지역에 공장이 있는 오키나와 특산 맥주. 편의점, 몰, 기념품 숍 어디서나 구입할 수 있다. 맛과 도수가 다양한 편이다. 공항 출국장에서는 구입할 수 없으니 시내에서 구입해 캐리어에 넣길 추천한다.

블루실

아이스크림은 사올 수 없지만 다양한 굿즈가 있다. 티셔츠는 물론 타월, 에코백, 노트, 펜 등 고르는 재미가 쏠쏠하다.

일본 전국구 쇼핑템

동전 파스

동전 모양으로 생긴 파스로 일본 여행 기념품 스테디셀러 중 하나!

샤론 파스

명함 크기의 파스가 140장 정도 들어 있다. 동전 파스와 함께 인기 상품이다.

카베진

일본 사람들이 많이 먹는 위장약으로 양배추 생약 성분으로 위를 튼튼하게 해주고 소화를 도와준다. 우리나라에도 판매하지만 일본이 확실히 저렴하다.

모기 패치

모기 물린 부위에 붙이면 간지러움이 사라진다. 12개월 이상부터 사용이 가능하다.

비비안 웨스트우드

우리나라보다 저렴한 가격으로 인기 있는 브랜드로 류보 백화점에 매장이 있다. 저렴하다고 하지만 가격대가 높은 편이라 선물용 양말이나 스카프 등을 주로 구입한다.

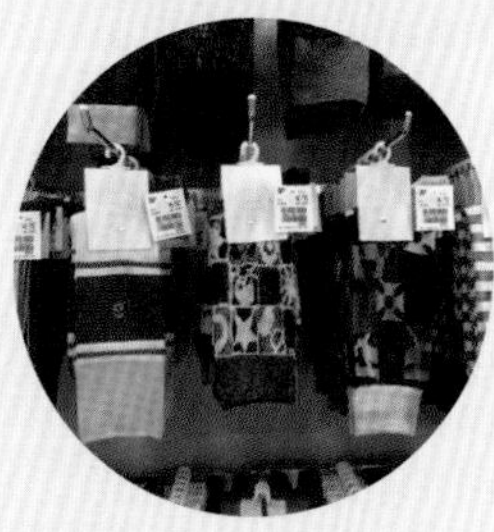

비오레 사라사라시트

더운 날이 많은 오키나와 여행에 유용한 아이템이다. 냄새와 끈적임을 한 번에 잡아줘 보송보송한 피부를 만들어주는 꿀템이다.

오키나와 해양 스포츠

오키나와의 투명한 바다를 바라보면 뛰어들고 싶은 마음이 드는 건 지극히 정상! 오키나와에서는 어딜 가나 바다를 쉽게 접할 수 있고 대부분의 리조트나 게스트하우스에서 해양 스포츠를 즐길 수 있도록 준비되어 있거나 전문 업체와 연결되어 있어 어렵지 않게 즐길 수 있다.
오키나와 본섬에 머무르면서 즐길 수 있는 스노클링 포인트는 민나 섬, 케라마 제도, 푸른 동굴 정도로 클룩, kkday, 와그 같은 어플에서 원하는 일정을 선택해 예약하면 편리하다.

스노클링 Snorkeling

물안경과 스노클을 착용하고 바닷속을 바라보며 즐기는 스포츠다. 스노클, 물안경, 오리발 등이 있다면 개인적으로 원하는 바다에서 자유롭게 즐길 수 있는 장점이 있다. 스노클링은 호흡하는 방법이 중요하므로 사전에 익히고 물에 들어가야 하며 오키나와의 바다는 이안류가 심한 곳이 많고 갑자기 깊어지는 곳이 있으므로 구명조끼 착용은 필수다. 업체를 이용해 즐길 경우 60세 이상은 예약이 불가한 경우가 있으니 확인이 필요하다.

글라스보트
Glass Boat

정식 이름은 글라스 보텀 보트 Glass Bottom Boat지만 보통 글라스 보트라고 부른다. 배 중간의 바닥이 유리로 되어 있어 배 안에 앉아 바닷속을 훤히 들여다볼 수 있다. 직접 물에 들어가지 않고 즐길 수 있어 아이가 있는 가족 단위 여행객이 주로 이용한다.

스쿠버다이빙 Scuba Diving

스노클링이나 시워크(Seawalk)보다 실감나게 오키나와의 바다를 즐길 수 있다. 수중 호흡기, 웨트슈트, 오리발 같은 전문 장비를 갖추고 투명한 오키나와의 깊은 바다에 들어가 눈앞에서 물고기가 헤엄치는 모습을 볼 수 있다. 물론 운이 좋다면 거북이를 가까이서 볼 수도 있다.

패러세일링 Parasailing

구명조끼를 입고 낙하산을 메고 달리는 보트와 연결되어 하늘을 나는 스포츠다. 하늘 위에서 오키나와의 투명한 바다를 내려다보고 내려올 때는 바다에 풍덩 빠지는 체험을 할 수도 있다. 하늘을 나는 체공시간은 5분 내외이고 물에 빠지는 걸 원치 않는다면 보트 위 착륙도 가능하다.

오키나와 교통

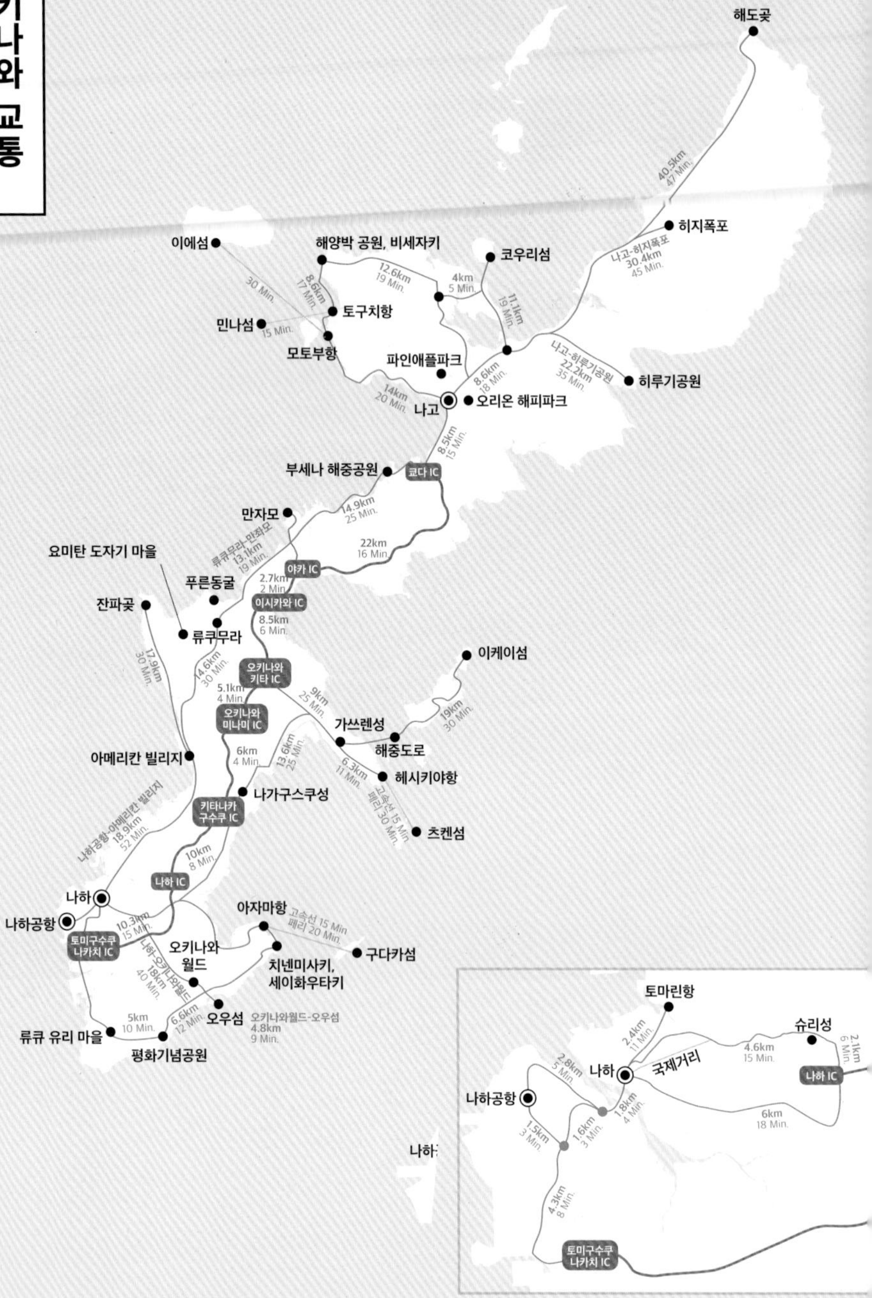

해도곶
40.5km 47 Min.
히지폭포
나고-히지폭포 30.4km 45 Min.
이에섬
30 Min.
해양박 공원, 비세자키
8.6km 17 Min.
12.6km 19 Min.
4km 5 Min.
코우리섬
11.1km 19 Min.
토구치항
민나섬
15 Min.
모토부항
파인애플파크
나고-히루기공원 22.2km 35 Min.
히루기공원
14km 20 Min.
8.6km 18 Min.
나고
오리온 해피파크
8.5km 15 Min.
부세나 해중공원
쿄다 IC
만자모
14.9km 25 Min.
류큐무라-만좌모 13.1km 19 Min.
22km 16 Min.
요미탄 도자기 마을
푸른동굴
야카 IC
2.7km 2 Min.
이시카와 IC
잔파곶
류큐무라
8.5km 6 Min.
17.9km 30 Min.
14.6km 30 Min.
이케이섬
오키나와 키타 IC
5.1km 4 Min.
9km 25 Min.
오키나와 미나미 IC
19km 30 Min.
가쓰렌성
해중도로
아메리칸 빌리지
6km 4 Min.
13.6km 25 Min.
6.3km 11 Min.
헤시키야항
나가구스쿠성
고속선 15 Min. 페리 30 Min.
츠켄섬
나하공항-아메리칸 빌리지 18.9km 52 Min.
키타나카 구스쿠 IC
10km 8 Min.
나하 IC
나하
나하공항
10.3km 15 Min.
토미구수쿠 나카치 IC
아자마항
고속선 15 Min. 페리 20 Min.
구다카섬
오키나와 월드
나하-오키나와월드 18km 40 Min.
치넨미사키, 세이화우타키
5km 10 Min.
6.6km 12 Min.
오우섬
오키나와월드-오우섬 4.8km 9 Min.
류큐 유리 마을
평화기념공원

토마린항
2.4km 11 Min.
슈리성
2.8km 5 Min.
나하
국제거리
4.6km 15 Min.
2.1km 6 Min.
나하 IC
나하공항
1.8km 4 Min.
1.6km 3 Min.
1.5km 3 Min.
6km 18 Min.
나하
4.3km 8 Min.
토미구수쿠 나카치 IC

대중교통으로 불가능한 것은 아니지만 오키나와의 구석구석을 자유롭게 여행하자면 렌터카가 편리한 건 어쩔 수 없는 사실이다. 원하는 목적지 바로 앞까지 가는 건 물론 무거운 짐을 들지 않아도 되고 버스 시간에 구애 받지 않고 즐길 수 있으니까! 단, 차종, 연료 그리고 여행 시기와 기간에 따라 업체별로 가격 차이가 많이 날 수 있어서 여러 사이트를 비교해 볼 것을 추천한다.

차를 빌리는 방법

우리나라의 렌터카 예약과 크게 다르지 않다. 렌터카 회사의 홈페이지에서 차종을 선택하고 사용하고자 하는 일정 입력, 출·도착 항공편명 등을 기재하면 된다. 렌터카 예약과 함께 보험 가입은 필수! 보험을 선택하지 않으면 예약이 불가하다. ETC(하이패스), 유아용 카시트 등은 선택사항에서 함께 예약이 가능하다. 간혹 차량에 휴대폰 거치대가 없는 경우가 있으니 미리 준비해가면 좋다. 여러 대의 휴대폰을 충전해야 한다면 포트가 여러 개인 시거잭을 준비하면 유용하다.

오키나와에 도착해 차량을 픽업할 땐 보통 나하공항점에서 한다. 나하공항점 픽업이라고 하지만 우리나라의 제주처럼 셔틀버스를 타고 렌터카 회사로 이동해 계약 확인 후 차량을 인수한다. 오키나와 공항에서 렌터카 회사까지는 차로 20~30분가량 소요되는 것이 보통이고 16:00 이후 이동이라면 퇴근시간과 맞물려 시간이 더 걸리기도 한다. 차량을 반납하고 바로 출국할 예정이라면 비행기 출발 최소 3시간 이전으로 반납시간을 지정하길 추천한다.

출국 전날 차량을 미리 반납하고 마지막 일정을 국제거리 근처에서 보낼 예정이라면, 렌터카 회사 셔틀버스를 탔을 때 국제거리로 간다고 미리 얘기하자. 대부분은 공항이 아닌 국제거리에 드롭해주는 서비스를 제공한다. 단, 렌터카 회사에 따라 국제거리로 이동이 가능한 유이레일역에 내려주기도 한다.

나하공항에서 렌터카 회사까지는 셔틀버스로 이동한다.

마리오 렌트카

오키나와의 고속도로 톨게이트

주요 렌터카 회사들

오달 렌트카
https://www.odal.co.kr/ 070-7017-7747

마리오 렌트카
https://mariorent.co.kr/ 010-5723-9192

오박사 렌트카
https://car.okinawaobaksa.com/ 070-4814-3433

토요타 렌터카
https://toyotarent.co.kr/

OTS 렌터카
https://www.otsinternational.jp/otsrentacar

TIP

- 픽업을 할 때는 우리나라 운전면허증, 국제면허증, 여권을 모두 확인하는 게 보통이다. 우리나라 면허증도 준비해 가자.
- ETC 카드를 대여하는 경우 차량을 반납할 때 정산하고 결제한다.

내비게이션 활용법

렌트할 때 '한국어 지원'을 선택해도 "속도에 주의하세요", "오른쪽입니다" 등의 안내만 한국어일 뿐이다. 화면 안내는 한글이지만 검색어 입력은 일본어만 가능해 전화번호나 맵코드를 미리 알고 있으면 편리하다. 다만 유명 관광지나 레스토랑이 아니면 맵코드가 없거나 전화번호로도 검색이 어려울 수 있다. 맵코드로 검색해 찾아가다 해도 우리나라처럼 딱 주차장 입구로 안내해주지 않으니 근처에 다다랐다면 속도를 줄이고 천천히 살피는 것이 필요하다.

차에 장착된 내비게이션보다 개인이 소장한 휴대폰에서 구글맵을 이용하는 것이 더 편리할 수 있다. 렌터카 회사에 따라 차량에 휴대폰 거치대가 없는 경우가 있으니 준비해 가면 좋다.

주유소 이용 방법

렌터카를 대여할 때 기름이 가득 채워진 채로 제공받기 때문에 반납할 때도 가득 채워 반납해야 한다. 일본의 기름 가격은 우리나라와 비슷한 수준이고 휘발유와 경유 구분에 주의가 필요하다. 셀프 주유소인 경우 화면에 영어를 지원하는 곳이 대부분이라 이용이 비교적 수월한 편이고 어렵다면 직원에게 도움을 요청하면 된다. 휘발유를 가득 채울 땐 '레귤라', '만땅'이라고 말하면 된다.

TIP

트래블월렛 카드로 결제할 경우 카드 유효성 체크로 1엔이 선결제되고, 일주일 정도 후에 사용 금액이 출금되니 카드에 잔액을 남겨두어야 한다.

운전 시 주의사항

- 우리나라와는 반대 방향이다. 왼쪽 주행!!
- 오키나와의 운전자들은 여유가 있는 편으로 천천히 가도 빵빵거리지 않는 편이니 급하게 생각하지 말자.
- 빨간불에서는 무조건 정지. 좌·우회전이 모두 불가능하다.
- 녹색불에는 직진, 좌회전, 우회전 모두 가능하다.
- 우회전 시 맞은편 차량 우선이며 비보호로 천천히 크게 돌고 좌회전은 보행자에 주의하면서 천천히 작게 돌면 된다.
- 고속도로 톨게이트 진입 ETC를 대여하지 않은 경우 일반으로 진입 후 통행권을 뽑아서 이용하면 된다.
- 일본의 내비게이션은 단속 카메라의 위치를 알려주지 않으니 과속은 절대 금물! 우리나라처럼 암행 단속도 있다. 국도는 제한속도 40~50km, 고속도로는 80km를 준수하자.
- 경미한 흠집, 주차장 단독 사고라도 반드시 경찰의 사고 확인이 있어야 보험 적용이 가능하다. 경찰 110, 긴급구조 119로 직접 연락하거나 렌터카 회사를 통해 연락하면 된다.

통행금지

차량통행금지

차량진입금지

차량횡단금지

추월금지

유턴금지

최고속도제한

최저속도제한

일시정지

서행

주정차금지

주차금지

지정방향외진행금지

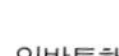
일방통행

정차가능

정지선

2 유이레일 ゆいレール

나하에서 가장 유용한 교통수단이다. 유이레일로 나하공항부터 국제거리까지 20분 거리고 나하의 각 여행 스폿으로의 접근성 또한 좋다. 고가로 달리기 때문에 유이레일을 타고 나하 시내 전경을 보는 것 또한 하나의 여행이 되기도 한다.

유이레일 승차권은 1회권, 기간권(1, 2일권), OKICA 카드 등이 있다. OKICA는 별도로 보증금이 있다. 여행 기간과 사용 횟수를 잘 따져보고 1회권, 기간권, OKICA 중 이득인 쪽으로 구매하자. 기간권은 구입 후 첫 번째 승차시간부터 1일권 24시간, 2일권 48시간이 적용된다.

요금 : **1회권** 거리에 따라 230~370엔, **기간권** 1일권 800엔, 2일권 1,400엔(12세 미만은 반값)

홈페이지 : www.yui-rail.co.jp

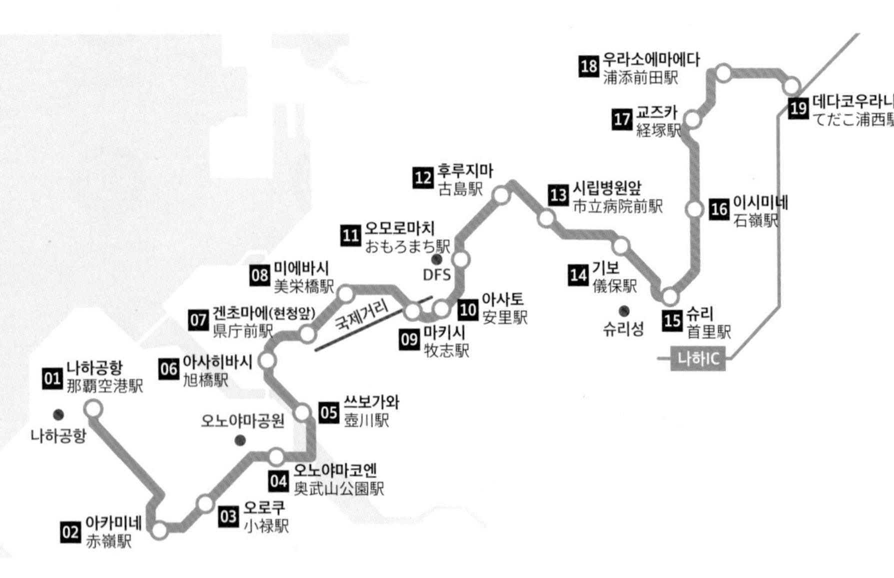

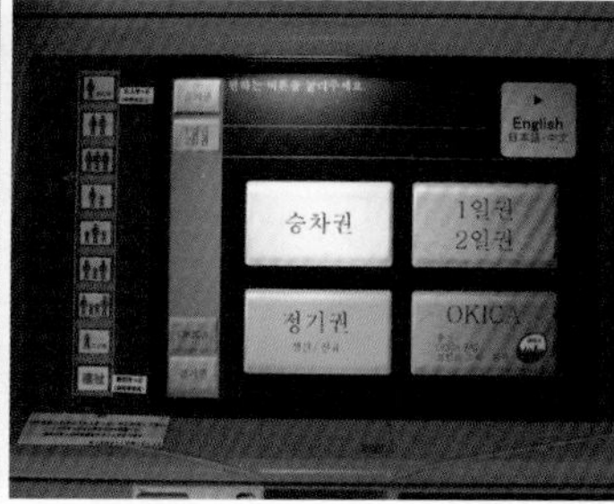

TIP

OKICA 카드

유이레일과 노선버스에서 사용할 수 있는 IC 카드. 유이레일 개찰구에 있는 기계에서 구입과 충전이 가능하다. 기계에는 1만 엔까지 투입이 가능하고 한국어 안내 설정도 가능해 쉽게 구입할 수 있다. OKICA 카드를 구입할 땐 보증금 500엔이 별도로 든다. OKICA 첫 구매 시 1,000엔을 넣으면 보증금 500엔을 제외하고 500엔만 충전된다.

유이레일은 오키나와 IC 카드인 오키카 OKICA뿐만 아니라 스이카 Suica, 파스모 PASMO, 키타카 Kitaca, 마나카 manaca, 이코카 ICOCA, 스고카 SUGOCA, 니모카 nimoca, 하야카켄 HAYAKAKEN 등 일본 전국 공통 IC 카드 중 피타파 PiTaPa를 제외한 모든 카드를 사용할 수 있다. 하지만 OKICA는 오키나와에서만 사용 가능하다.

3 공항 리무진 버스 リムジンバス LIMOUSINE BUS

공항에서 북부의 해양박 공원으로 바로 가거나 리무진이 정차하는 아메리칸 빌리지 주변 호텔에 묵는다면 이용해볼 만하다. 단, 다른 곳으로 이동할 때 교통수단이 마땅치 않아 숙소에만 머물 게 아니면 이용 빈도는 낮은 편이다.

리무진 버스는 나하공항 국내선 터미널 A~E 에어리어에서 탑승한다. 중부는 A~B 에어리어, 북부는 C~E 에어리어로 나누어져 있다. 티켓은 온라인에서 예매 가능하고 공항에서는 국내선 터미널 1층에 있는 '리무진 티켓 카운터' 또는 국제선 터미널 '관광 정보 카운터'에서 구입할 수 있다. 각 리조트 호텔의 프런트에서도 구매가 가능하다. 대부분 국내선 도착시간에 맞춰 일 2~3회 운행하고 성수기에는 증편 운행한다. 홈페이지에서 출발시간을 확인할 수 있다. 현금 승차는 불가능하다.
티켓 예매 : https://www.japanbusonline.com/ko

공항리무진 안내센터
전화 : 098-869-3301
홈페이지 : https://okinawabus.com

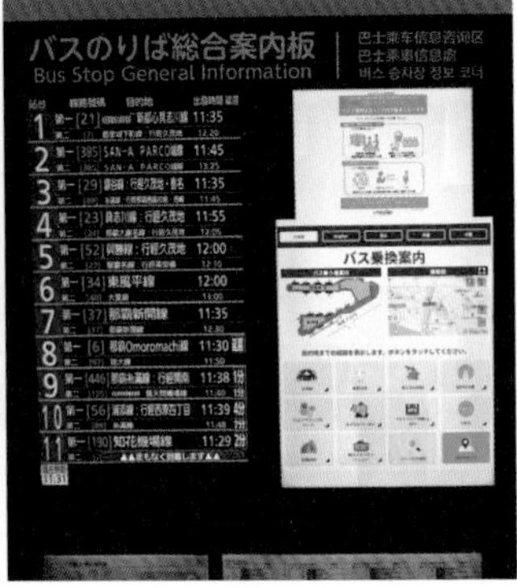

4 일반 버스 バス BUS

나하 시내를 운행하는 시내선과 나하와 남부, 중부, 북부 등을 연결하는 시외선이 있다. 시내선의 경우 유이레일이 대부분 커버하고 있고, 배차 간격도 길어 이용빈도는 낮은 편이다. 시외선도 대표적인 볼거리까지 운행은 하지만 한 곳만 둘러보지 않는 여행자 특성상 잘 이용하지 않는다. 나하 시내에서 남부, 중부, 북부 등으로 가는 버스는 유이레일 아사히바시역 바로 옆에 있는 버스터미널에서 탑승할 수 있다.

류큐버스 098-852-2510
오키나와버스 098-862-6737

공항 출발 주요 버스 노선

번호	노선
111번(고속버스), 20·77번	나하공항 → 나고 버스터미널
얀바루 급행버스	나하공항 → 나하 시내 경유 → 나고 시청, 모토부항, 추라우미 수족관, 나키진 성터 등
120번	나하공항 → 중부 지역 경유(류큐무라, 만좌모, 부세나 비치) → 나고 버스터미널

주요 관광지 버스 노선

번호	노선
20·120번	만좌모, 류쿠무라
39번	미바루 비치
38번	세화우타키
54·83번	오키나와월드
65번	추라우미 수족관, 비세후쿠기 가로수길
66번	추라우미 수족관, 비세후쿠기 가로수길, 나키진 성터
67번	헤도곶, 오쿠마 해변
70번	추라우미 수족관, 비세후쿠기 가로수길
76번	세소코 해변

TIP

버스요금은 내야 하는데 지폐밖에 없다고 걱정하지 말자. 버스 운전사에게 지폐를 전달하면 기계를 이용해 잔돈으로 교환해준다. 요금을 제외한 거스름돈이 나오는 게 아니니 모두 그대로 집어 들고 하차해버리면 곤란하다. 교환 받은 동전으로 요금을 지불하고 하차하자.

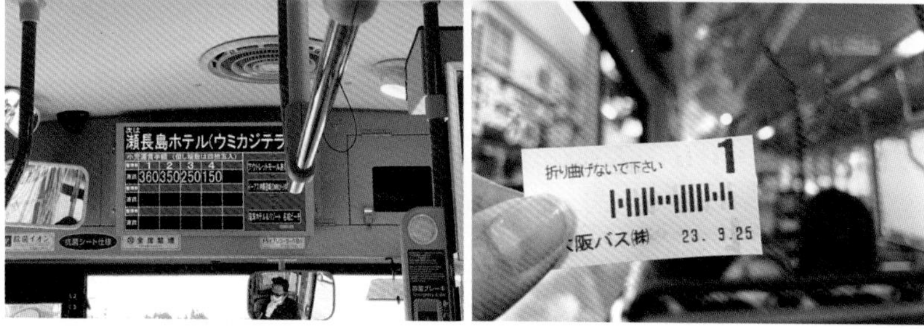

TIP

시외선은 구간별로 요금이 달라요

나하 시내만 운행하는 시내선은 정액제지만 시외선은 구간별로 요금이 다르다. 나하에서 버스로 다른 지역으로 이동할 예정이라면 아래의 타고 내리는 방법을 알아두자.

1. 앞문으로 승차하면서 정리권(승차권)을 받아 보관한다.
2. 운전석 역 화면에 뜬 구간별 요금을 확인한다.
3. 하차할 때 구간별 요금과 정리권(승차권)을 함께 제출한다.

홈페이지 https://okinawabus.com, www.busnavi-okinawa.com

5 택시 タクシー TAXI

요금이 비싼 게 단점이지만 친절함은 둘째가라면 서럽다. 손을 들어 택시를 세우는 방식은 우리나라와 동일하지만 뒷좌석 택시 도어가 자동으로 열리고 짐을 싣고 내리는 것도 기사가 도와준다. 기본요금이 있고 먼 거리를 이동하면 할증이 붙어 요금이 비싸진다. 참고로 나하 시내는 교통체증이 심한 편이므로 유이레일과 적절히 섞어 활용하길 추천한다.

요금 560엔~, 나하공항에서 국제거리까지 약 2,000엔, 나하공항에서 아메리칸 빌리지까지 약 5,000엔

택시 호출하는 방법

외국인들은 디디, 우버를 사용하지만 한국인이라면 카카오 T를 추천한다. 별도로 어플을 설치하지 않고 한국에서 사용하던 어플을 그대로 사용할 수 있다. 한국어로 되어 있으니 편리함이야 당연하고 결제까지 등록해 둔 카드로 가능하다. 오키나와에서 사용하려면 사전에 해외 이용 가능한 신용카드를 등록해야 하고 현금 결제는 불가능하다. 택시 요금은 실시간 환율에 따라 원화로 결제된다.

- 건당 1,500원 정도의 픽업 수수료와 현지 연동 수수료(약 요금의 10~12% 선)가 붙긴 하지만 오지 않는 택시를 기다리느라 소중한 시간을 날리는 것보다 효율적일 수 있다.
- 카카오택시, 디디, 우버 등은 나하 시내나 주요 관광지에서 이용하기 매우 유용하지만 조금만 외곽으로 나가면 아무리 호출을 해봐도 허세월이다. 주변에 있는 호텔이나 음식점에 들어가서 목적지를 보여주고 택시를 불러달라고 하는 게 가장 빠르다. 현금으로 결제한다고 하면 훨씬 빠르게 오기도 하니 늘 현금을 어느정도 가지고 있는 게 마음 편하다.

카카오 T 사용 방법

1. 카카오 T 앱을 실행시킨다.
2. 홈, 여행, 마이카 중 '여행'을 선택한다.
3. 국내외 여행 메뉴에서 '차량호출'을 선택한다.
4. 목적지를 검색한다(한국어로).
5. 배차가 완료되면 기사님과 차량 번호를 확인한 뒤 탑승한다.
6. 카카오 T에 등록된 카드로 결제된다.

電波堂ビル
立体駐車場

오키나와 추천 일정

여행 일정이야 길면 길수록 좋겠지만 오키나와를 처음 찾는 여행객들은 3박 4일 정도의 일정으로 나하 시내와 중부, 북부를 여행하는 게 가장 일반적이다. 나하공항에 도착한 후 미리 예약해둔 렌터카를 찾아 추라우미 수족관 등 주요 볼거리가 모여 있는 북부에서 나하 방향으로 내려오며 여행하고 나하 시내에서 쇼핑과 함께 마지막 밤을 즐기는 경우가 많은 편. 개인차가 있겠지만 본섬을 여유있게 여행하고 싶다면 4~5일 이상, 주변 섬까지 함께 여행한다면 일주일 이상 넉넉하게 일정을 잡는 것이 좋다.

Okinawa Travel Plan

아이와 함께하는 3박 4일 여행

DAY 1

- 렌터카 수령
- 해신식당 티나(점심)

▼ 렌터카 30분

- 숙소 체크인
  (베셀 캄파나)

▼ 렌터카 8분

- 아라하 비치
  (해적선 놀이터)

▼ 렌터카 6분

- 아메리칸 빌리지 &
  선셋 비치

▼ 렌터카 2분 또는 도보 6분

- 아일랜드 비프(저녁)

DAY 2

- 숙소

▼ 렌터카 30분

- 만좌모

▼ 렌터카 5분

- 하와이안 팬케이크
  하우스 파니라니(점심)

▼ 렌터카 1시간

- 추라우미 수족관

▼ 렌터카 6분

- 비세후쿠기 가로수길,
  비세자키 비치(물놀이)

▼ 렌터카 28분

- 우후야(저녁)

▼ 렌터카 1시간

- 숙소

DAY 3

- 숙소 체크아웃

▼ 렌터카 40분

- 부세나 해중공원 &
  글라스보트

▼ 렌터카 35분

- 번소정(점심)

▼ 렌터카 8분

- 마르지체 커피 X
  베이글

▼ 렌터카 6분

- 류큐무라

▼ 렌터카 45분

- 나하 숙소
  체크인(히노데 리조트)

▼ 도보 10분

- 국제거리 쇼핑

아이와 함께하는 여행은 새로운 경험을 통해 성장하는 시간을 스트레스 없이 즐기게 해주는 게 목적이지 않을까. 아이와 보내는 순간순간에 충실하며 가족 모두가 행복한 추억을 쌓아보자.

- 숙소 체크아웃

▼ 렌터카 25분

- 우미카지 테라스 & 시아와세노 팬케이크

- 렌터카 반납
- 공항

비세자키 비치에서는 스노클링이나 카약을 즐겨보자!

- 비세자키
- 추라우미 수족관
- 우후야
- 부세나 해중공원
- 파니라니
- 만좌모
- 마르지체 커피 X 베이글
- 류큐무라
- 번소정
- 아일랜드 비프
- 아메리칸 빌리지
- 베셀 캄파나
- 아라하 비치
- 해선식당 티다
- 국제거리
- 나하공항
- 히노데 리조트
- 우미카지 테라스

실내 수영장이 바로 보이는 bar에서 오리온 맥주가 무제한 free! 아이들은 물놀이를 즐기고 엄마아빠는 알코올타임을 즐길 수 있다.

부모님과 함께하는 3박 4일 여행

DAY 1

렌터카 수령

아카이아(점심)

▼ 렌터카 22분

치넨미사키

▼ 렌터카 2분

세화우타키

▼ 렌터카 15분

숙소(유인치 호텔 난조)

호텔 투숙객은 온천욕이 무료! 첫날의 긴장과 피로를 싹~ 풀 수 있다.

DAY 2

숙소 체크아웃

▼ 렌터카 38분

아메리칸 빌리지

▼ 렌터카 2분

쿠라스시(점심)

▼ 렌터카 23분

요미탄 도자기 마을

▼ 렌터카 8분

류큐무라

▼ 렌터카 6분

번소정(저녁)

▼ 렌터카 25분

숙소 체크인(ANA 인터컨티넨탈 만자 비치 리조트)

DAY 3

숙소

▼ 렌터카 1시간

추라우미 수족관

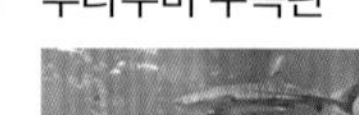

▼ 렌터카 35분

히가시 식당(점심)

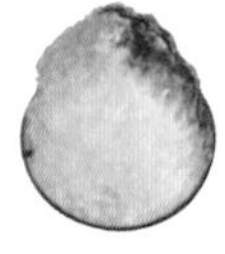

▼ 렌터카 3분

오리온 해피 파크

▼ 렌터카 25분

코우리 대교

▼ 렌터카 4분

코우리 오션타워

▼ 렌터카 25분

우후야(저녁)

▼ 렌터카 45분

숙소

부모님과 함께하는 일정에서 무리한 스케줄은 피하자. 오키나와의 전통문화와 자연을 즐기며 여유롭게 여행하길 추천한다.

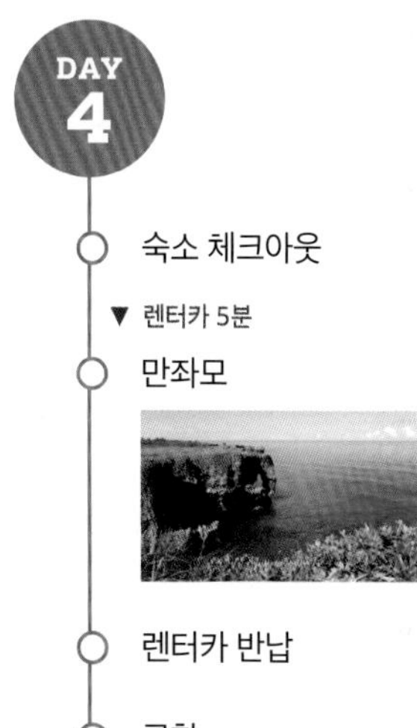

코우리 오션타워
추라우미 수족관
코우리 대교
우후야
히가시 식당
오리온 해피 파크
부세나 해중공원
ANA 인터컨티넨탈 만자 비치 리조트
만좌모
류큐무라
요미탄 도자기 마을
번소정
아메리칸 빌리지
쿠라스시
나하공항
세화우타키
유인치 호텔 난조
치넨미사키
야기야

친구들과 함께하는 3박 4일 여행

DAY 1

- 렌터카 수령

▼ 렌터카 20분

- 해선식당 티다(점심)

▼ 렌터카 30분

- 요미탄 도자기 마을

▼ 렌터카 25분

- 만좌모

▼ 렌터카 30분

- 쿠라스시 또는 하마스시(저녁)

▼ 렌터카 5분

- 숙소 체크인 (더 비치타워 오키나와)
- 추라유 온천 (Chula-U)

호텔 투숙객은 추라유 온천이 무료! 뜨끈한 대욕장 온천에서 하루의 피로를 풀어보자.

DAY 2

- 숙소

▼ 렌터카 1시간 20분

- 추라우미 수족관

▼ 렌터카 15분

- 카진호 피자(점심)

▼ 렌터카 12분

- 비세후쿠키 가로수길, 비세자키 비치

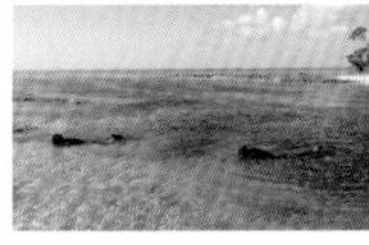

▼ 렌터카 25분

- 코우리 대교

▼ 렌터카 5분

- 슈림프왜건(간식)

▼ 렌터카 1시간 10분

- 선셋 비치, 아메리칸 빌리지

▼ 도보 2분

- 차탄 하버 브루어리(펍)

DAY 3

- 숙소 체크아웃

▼ 렌터카 30분

- 류큐무라

▼ 렌터카 6분

- 번소정 (점심)

▼ 렌터카 35분

- 가쓰렌 성터

- 렌터카 반납
- 나하 숙소 체크인(알몬트 호텔 나하 겐초마에)

▼ 도보 10분

- 국제거리

▼ 도보 10분

- 국제거리 야타이무라 (저녁 겸 술)

짧은 일정에 오키나와의 매력을 흠뻑 느껴볼 수 있는 일정이다. 오키나와의 역사, 문화, 자연 그리고 밤까지 오키나와를 야무지게 즐겨보자.

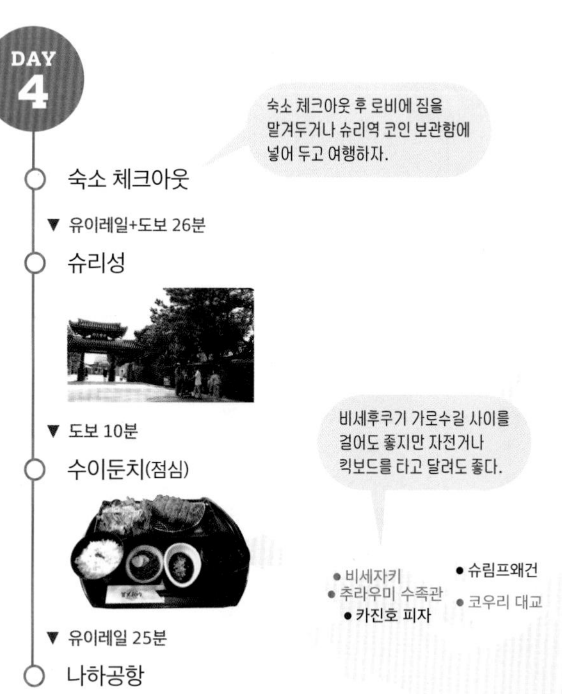

비세후쿠기 가로수길 사이를 걸어도 좋지만 자전거나 킥보드를 타고 달려도 좋다.

렌터카 반납 후 '국제거리 드롭'을 요청하면 가까운 유이레일역에 데려다준다.

비세자키
추라우미 수족관
카진호 피자
슈림프왜건
코우리 대교
만좌모
류큐무라
요미탄 도자기 마을
번소정
더 비치타워 오키나와
쿠라스시
아메리칸 빌리지
추라유 온천
차탄 하버 브루어리
가쓰렌 성터
해선식당 티다
슈리성
국제거리
나하공항
알몬트 호텔 나하 겐초마에

2박 3일 뚜벅이 코스

DAY 1

나하공항

▼ 유이레일+도보 18분

숙소 체크인
(그랜드 콘소토 나하)

▼ 유이레일+도보 26분

슈리성

▼ 유이레일+도보 20분

츠보야 야치문 거리

▼ 도보 12분

국제거리 얏빠리 스테이크(저녁)

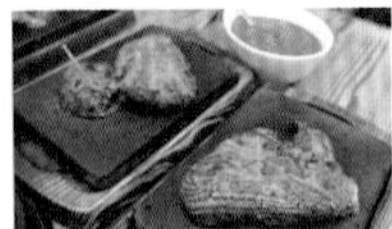

DAY 2

보통은 나하의 류보백화점 주변이나 아메리칸 빌리지 관광안내소 앞에서 픽업한다.

북부 버스 투어

▽ 나하

▽ 만좌모

▽ 해양박 공원(추라우미 수족관, 오키짱 공연)

▽ 코우리 대교

▽ 아메리칸 빌리지

아메리칸 빌리지에서 시간을 더 보내고 싶다면 가이드에게 이야기하고 따로 버스나 택시를 이용해 나하로 돌아올 수 있다

▽ 나하

류보 백화점

▼ 도보 4분

유난기(저녁)

▼ 도보 2분

국제거리 쇼핑

렌터카 없이 대중교통으로 오키나와를 즐길 수 있는 일정! 'KKday', '와그' 같은 앱에서 버스투어를 활용하면 운전에 대한 부담이 없어 시원한 맥주 한잔도 OK! 똑소리 나게 오키나와를 즐겨보자.

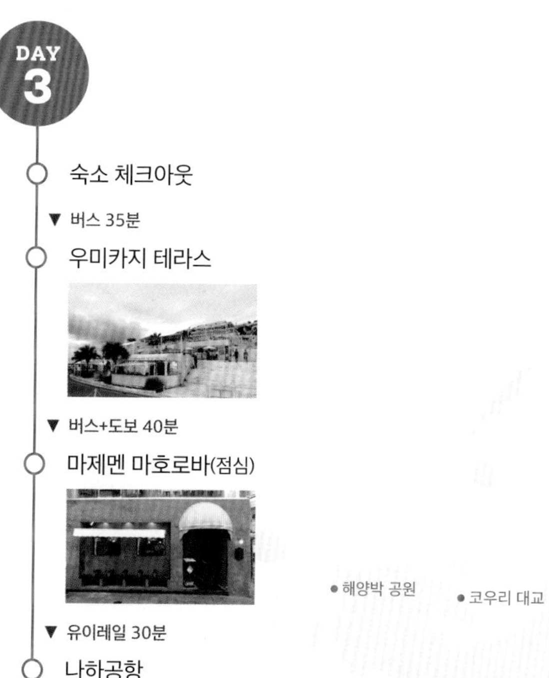

DAY 3

- 숙소 체크아웃

▼ 버스 35분

- 우미카지 테라스

▼ 버스+도보 40분

- 마제멘 마호로바(점심)

▼ 유이레일 30분

- 나하공항

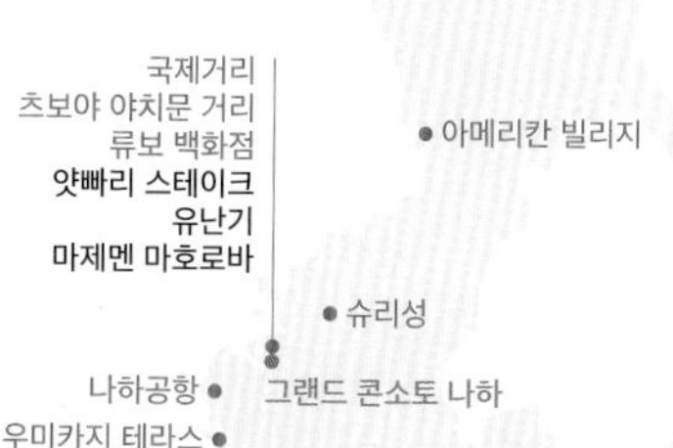

오쿠마
프라이빗
비치 & 리조트
호텔 오리온 모토부
리조트 & 스파
더 부세나
테라스
ANA
인터컨티넨탈
만자 비치
리조트
베셀 호텔 캄파나
오키나와
류큐 호텔 & 리조트
나시로 비치

리조트 중심 일정

오키나와 여행에서 비치를 즐기거나 풍경을 감상하는 것만큼이나 중요한 것이 '어떤 숙소를 선택하느냐', '숙소의 위치가 어느 지역이냐'다. 오키나와 여행자는 일반 호텔보다 리조트를 선택하는 경우가 많다. 본섬 숙소의 60% 이상이 리조트이기도 하지만, 리조트 대부분이 프라이빗 비치와 수영장, 온천 등의 시설을 갖추고 있어 머무는 것만으로도 충분한 힐링이 되기 때문이다. 이동하는 시간과 에너지 소비를 줄일 수 있고 다양한 시설과 서비스를 갖추고 있어 리조트를 이용하는 게 더 합리적일 수 있다.

조식 메뉴에는 고야 찬프루, 우미부도 같은 섬 채소로 만든 향토 요리가 포함되어 있고 리조트 내에서 즐길 수 있는 글라스보트, 스노클링 등 해양스포츠와 스파나 마사지 프로그램이 있으니 미리 체크해서 일정을 계획하자.

Okinawa Resort Travel Plan

오쿠마 프라이빗 비치 & 리조트

オクマ プライベートビーチ & リゾート

오키나와 리조트 중에는 가장 북쪽에 있는 리조트로 나하공항에서 2시간을 달려야 닿을 수 있다. 쿠니가미에 위치한 이 호텔에는 실외 풀, 전용 비치, 야외 테니스코트 등이 갖춰져 있으며 오쿠마 해변까지 걸어서 이동이 가능하다. 스파, 웰니스센터, 사우나 등의 시설이 있고 수영장, 피트니스센터도 있다. 투숙객에게 자전거 대여 서비스를 제공한다.

주소 沖縄県国頭郡国頭村字奥間913
홈페이지 https://okumaresort.com
전화 098-041-2222
체크인 14:00 **체크아웃** 11:00

3박 4일 추천코스

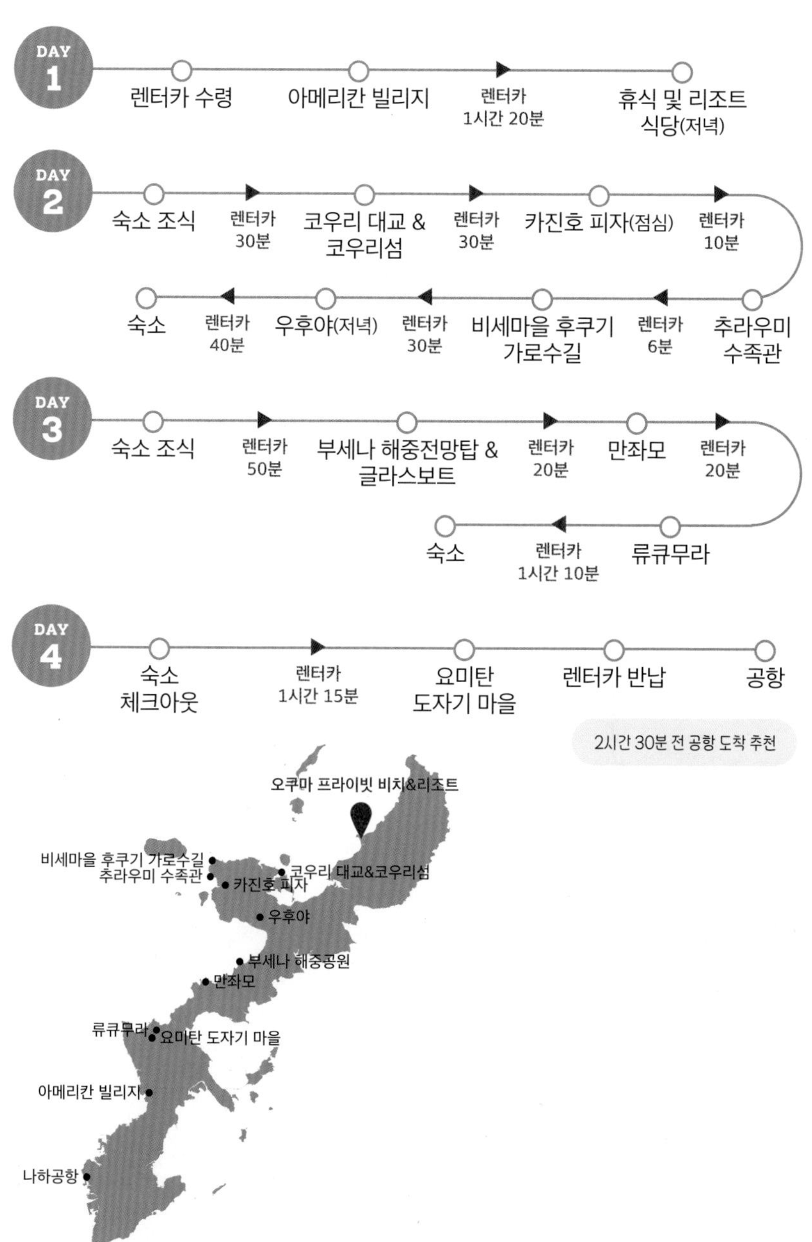
DAY 1
렌터카 수령
아메리칸 빌리지
렌터카 1시간 20분
휴식 및 리조트 식당(저녁)
DAY 2
숙소 조식
렌터카 30분
코우리 대교 & 코우리섬
렌터카 30분
카진호 피자(점심)
렌터카 10분
추라우미 수족관
렌터카 6분
비세마을 후쿠기 가로수길
렌터카 30분
우후야(저녁)
렌터카 40분
숙소
DAY 3
숙소 조식
렌터카 50분
부세나 해중전망탑 & 글라스보트
렌터카 20분
만좌모
렌터카 20분
류큐무라
렌터카 1시간 10분
숙소
DAY 4
숙소 체크아웃
렌터카 1시간 15분
요미탄 도자기 마을
렌터카 반납
공항
2시간 30분 전 공항 도착 추천
오쿠마 프라이빗 비치&리조트
비세마을 후쿠기 가로수길
추라우미 수족관
카진호 피자
코우리 대교&코우리섬
우후야
부세나 해중공원
만좌모
류큐무라
요미탄 도자기 마을
아메리칸 빌리지
나하공항

호텔 오리온 모토부 리조트 & 스파

ホテルオリオン モトブリゾート&スパ

추라우미 수족관까지 걸어서 10분 거리, 에메랄드 비치는 바로 앞에 있다. 비세마을 후쿠기 가로수길과 비세 비치까지 여행하기에도 참 좋은 위치! 그 덕분에 가격이 높지만 그럼에도 인기가 좋다. 리조트에서 대부분 해결이 되긴 하지만 단점이라면 주변에 식당이 많지 않아 차로 5분 이상 가야 한다는 것. 숙소 앞의 에메랄드 비치는 인공 비치로 아이들과 물놀이를 하기에 안전하지만 스노클링은 불가능하다. 인공 비치이기 때문에 산호가 없어 보이는 게 없으니 스노클링을 원한다면 인근의 비세자키를 추천한다.

주소 沖縄県国頭郡本部町備瀬 148-1
홈페이지 www.okinawaresort-orion.com
전화 0980-51-7300
인근 추천 리조트 알라 마하이나 콘도 호텔, 호시노 테라스 모토부 야마자토

3박 4일 추천코스

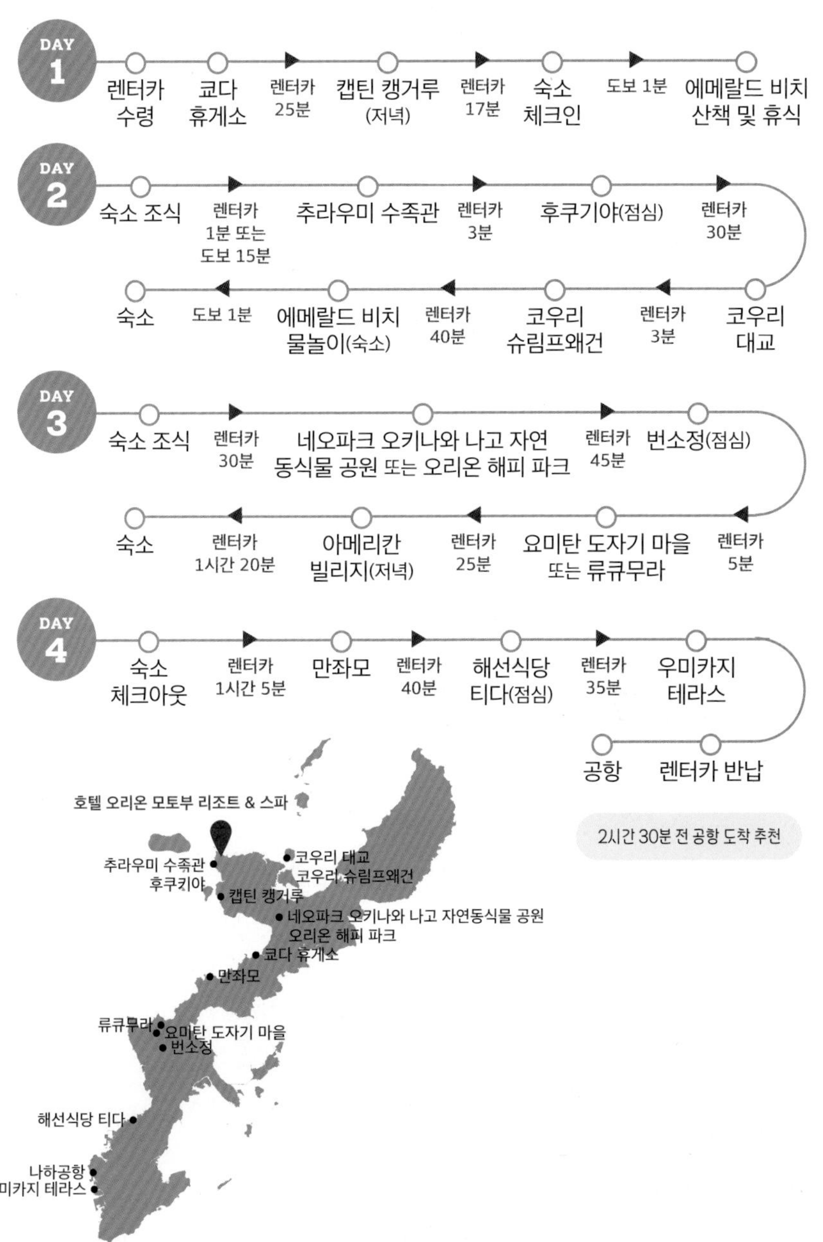
DAY 1
렌터카 수령
쿄다 휴게소
렌터카 25분
캡틴 캥거루 (저녁)
렌터카 17분
숙소 체크인
도보 1분
에메랄드 비치 산책 및 휴식
DAY 2
숙소 조식
렌터카 1분 또는 도보 15분
추라우미 수족관
렌터카 3분
후쿠기야(점심)
렌터카 30분
코우리 대교
렌터카 3분
코우리 슈림프왜건
렌터카 40분
에메랄드 비치 물놀이(숙소)
도보 1분
숙소
DAY 3
숙소 조식
렌터카 30분
네오파크 오키나와 나고 자연 동식물 공원 또는 오리온 해피 파크
렌터카 45분
번소정(점심)
렌터카 5분
요미탄 도자기 마을 또는 류큐무라
렌터카 25분
아메리칸 빌리지(저녁)
렌터카 1시간 20분
숙소
DAY 4
숙소 체크아웃
렌터카 1시간 5분
만좌모
렌터카 40분
해선식당 티다(점심)
렌터카 35분
우미카지 테라스
렌터카 반납
공항
2시간 30분 전 공항 도착 추천
호텔 오리온 모토부 리조트 & 스파
추라우미 수족관
후쿠키야
코우리 대교
코우리 슈림프왜건
캡틴 캥거루
네오파크 오키나와 나고 자연동식물 공원
오리온 해피 파크
쿄다 휴게소
만좌모
류큐무라
요미탄 도자기 마을
번소정
해선식당 티다
나하공항
우미카지 테라스

더 부세나 테라스

ザ・ブセナテラス The Busena Terrace

나하공항에서 1시간 30분 거리에 있으며 공항에서부터 무료 셔틀버스가 운영된다. 시내에서 약간 떨어진 안쪽에 위치해 산책을 즐기며 조용한 휴식을 즐기기 좋은 리조트다. 전용 비치는 물론 해중전망탑, 글라스보트까지 운영한다. 무려 12개의 레스토랑과 바, 3개의 조식 뷔페가 있어 '연박'을 하더라도 겹치지 않는 메뉴를 맛볼 수 있다. 메뉴는 이탈리안 코스 요리부터 비치사이드 바비큐, 메인 다이닝에 이르기까지 다양하다. 다만, 가격이 저렴하지 않다는 게 함정. 레스토랑 외에도 마사지 서비스와 요가 클래스 등을 운영하기 때문에 말 그대로 리조트에서 모든 것을 할 수 있다.

주소 1808 Kise, Nago, Okinawa 905-0026
홈페이지 www.terrace.co.jp/busena/
전화 0980-51-1333
체크인 14:00 **체크아웃** 11:00
인근 추천 리조트 오리엔탈 호텔 오키나와 리조트 & 스파, 몬트레이 오키나와 스파 & 리조트, 오키나와 스파 리조트 EXES

3박 4일 추천코스

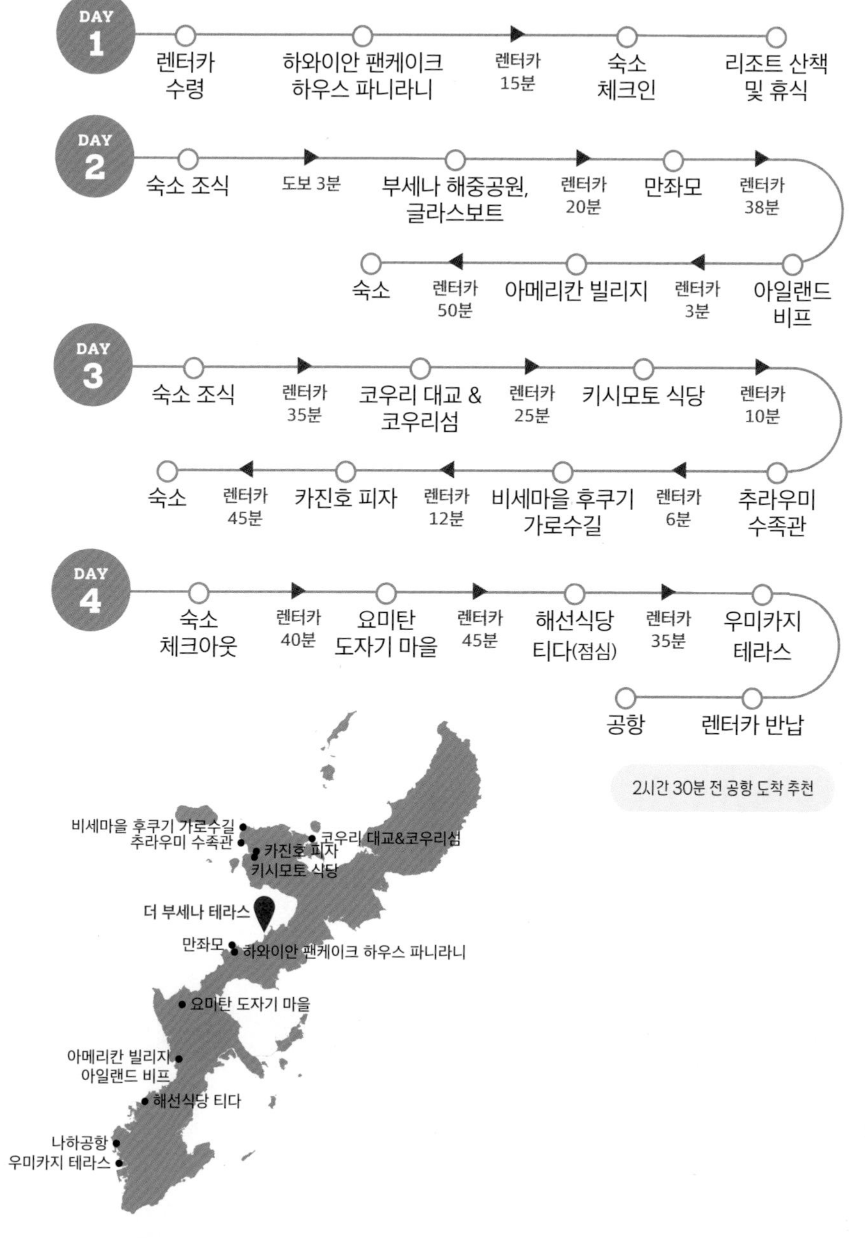
DAY 1
렌터카 수령
하와이안 팬케이크 하우스 파니라니
렌터카 15분
숙소 체크인
리조트 산책 및 휴식
DAY 2
숙소 조식
도보 3분
부세나 해중공원, 글라스보트
렌터카 20분
만좌모
렌터카 38분
아일랜드 비프
렌터카 3분
아메리칸 빌리지
렌터카 50분
숙소
DAY 3
숙소 조식
렌터카 35분
코우리 대교 & 코우리섬
렌터카 25분
키시모토 식당
렌터카 10분
추라우미 수족관
렌터카 6분
비세마을 후쿠기 가로수길
렌터카 12분
카진호 피자
렌터카 45분
숙소
DAY 4
숙소 체크아웃
렌터카 40분
요미탄 도자기 마을
렌터카 45분
해선식당 티다(점심)
렌터카 35분
우미카지 테라스
렌터카 반납
공항
2시간 30분 전 공항 도착 추천
비세마을 후쿠기 가로수길
추라우미 수족관
코우리 대교&코우리섬
카진호 피자
키시모토 식당
더 부세나 테라스
만좌모
하와이안 팬케이크 하우스 파니라니
요미탄 도자기 마을
아메리칸 빌리지
아일랜드 비프
해선식당 티다
나하공항
우미카지 테라스

중부

ANA 인터컨티넨탈 만자 비치 리조트

InterContinental - ANA Manza Beach Resort, an IHG Hotel

우리나라 드라마 '여인의 향기', 영화 '성월동화 2', '눈물이 주룩주룩'의 촬영지이기도 한 리조트. 넓은 전용 비치와 함께 모든 객실이 오션 뷰로 객실 테라스에서 만좌모 전망을 볼 수 있다. 해상에서 만좌모를 바라볼 수 있는 만좌모 관광 유람선, 스쿠버 다이빙, 스노클링, 윈드서핑, 제트스키 등의 해상 레포츠도 가능하다.

주소 沖縄県国頭郡恩納村字瀬良垣 2260
홈페이지 www.ihg.com/intercontinental/hotels
전화 098-966-1211
체크인 15:00 **체크아웃** 11:00

3박 4일 추천코스

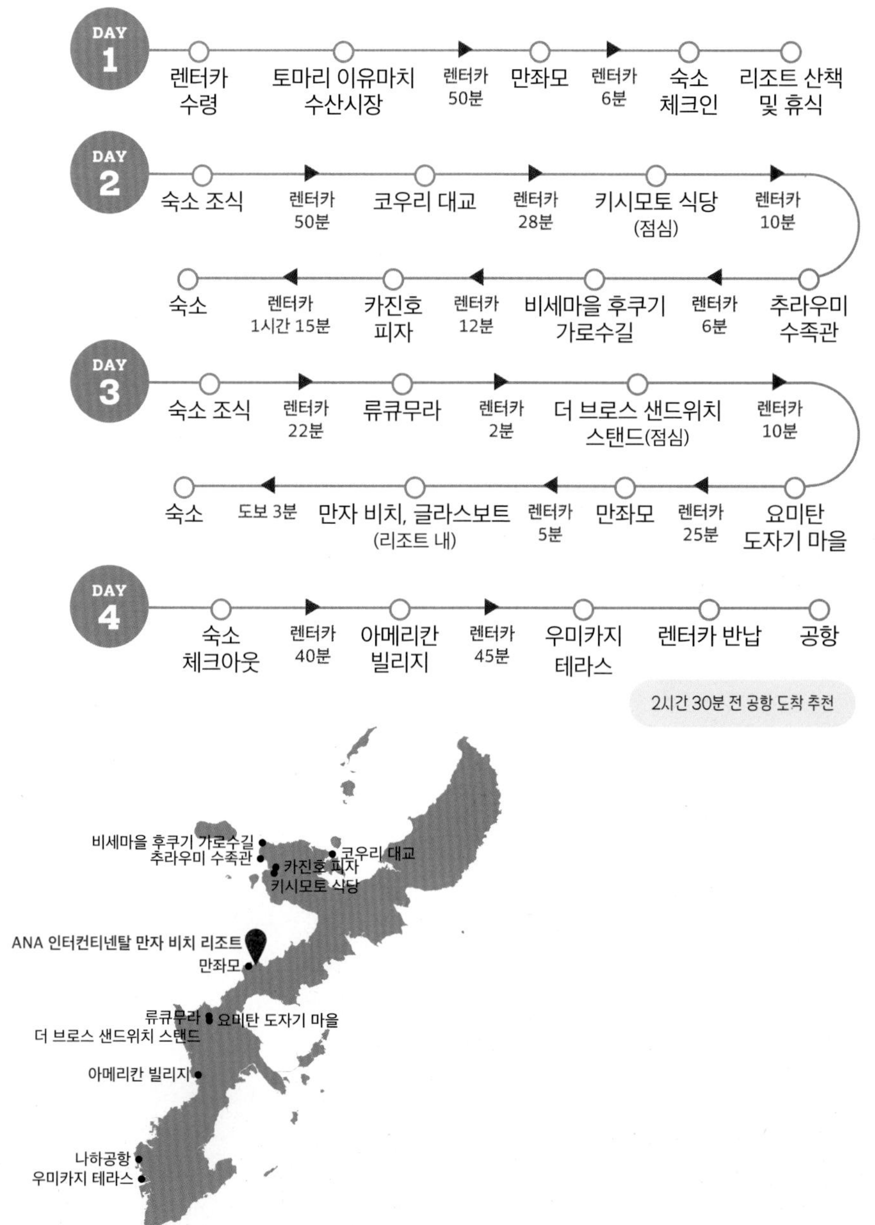
DAY 1
렌터카 수령
토마리 이유마치 수산시장
렌터카 50분
만좌모
렌터카 6분
숙소 체크인
리조트 산책 및 휴식
DAY 2
숙소 조식
렌터카 50분
코우리 대교
렌터카 28분
키시모토 식당 (점심)
렌터카 10분
추라우미 수족관
렌터카 6분
비세마을 후쿠기 가로수길
렌터카 12분
카진호 피자
렌터카 1시간 15분
숙소
DAY 3
숙소 조식
렌터카 22분
류큐무라
렌터카 2분
더 브로스 샌드위치 스탠드(점심)
렌터카 10분
요미탄 도자기 마을
렌터카 25분
만좌모
렌터카 5분
만자 비치, 글라스보트 (리조트 내)
도보 3분
숙소
DAY 4
숙소 체크아웃
렌터카 40분
아메리칸 빌리지
렌터카 45분
우미카지 테라스
렌터카 반납
공항
2시간 30분 전 공항 도착 추천
비세마을 후쿠기 가로수길
추라우미 수족관
코우리 대교
카진호 피자
키시모토 식당
ANA 인터컨티넨탈 만자 비치 리조트
만좌모
류큐무라
요미탄 도자기 마을
더 브로스 샌드위치 스탠드
아메리칸 빌리지
나하공항
우미카지 테라스

베셀 호텔 캄파나 오키나와

Vessel Hotel Campana Okinawa ベッセルホテルカンパーナ沖縄

선셋 비치와 아메리칸 빌리지 사이에 자리해 중부에 숙박한다면 관광 목적의 위치로는 최고! 객실은 본관(아넥스 빌딩)과 별관(아넥스관)으로 나누어져 있고 전 객실 오션 뷰로 유명한 곳으로 선셋 비치를 객실에서 바라볼 수 있다. 나하공항에서 리무진버스를 이용해 갈 수 있고 렌터카를 하더라도 주차 공간도 넉넉한데 무료! 로비에서 자전거를 대여할 수 있고 로비와 연결된 로손 편의점도 있다. 트리플룸부터 최대 5인까지 머물 수 있는 패밀리룸이 있어 가족여행객들이 많이 찾는 숙소이기도 하다. 본관과 별관에 모두 대욕장이 있고, 온탕 2개와 냉탕과 사우나까지 갖춰져 있다. 본관 로비에는 웰컴 드링크 코너가 준비되어 있다. 별관 12층에는 옥상 수영장이 마련되어 있다.

주소 沖縄県中頭郡北谷町字美浜9番地22
홈페이지 www.vessel-hotel.jp/campana/okinawa
전화 098-926-1188
체크인 14:00 **체크아웃** 11:00
인근 추천 리조트 힐튼 오키나와 차탄 리조트, La'gent Hotel Chatan

3박 4일 추천코스

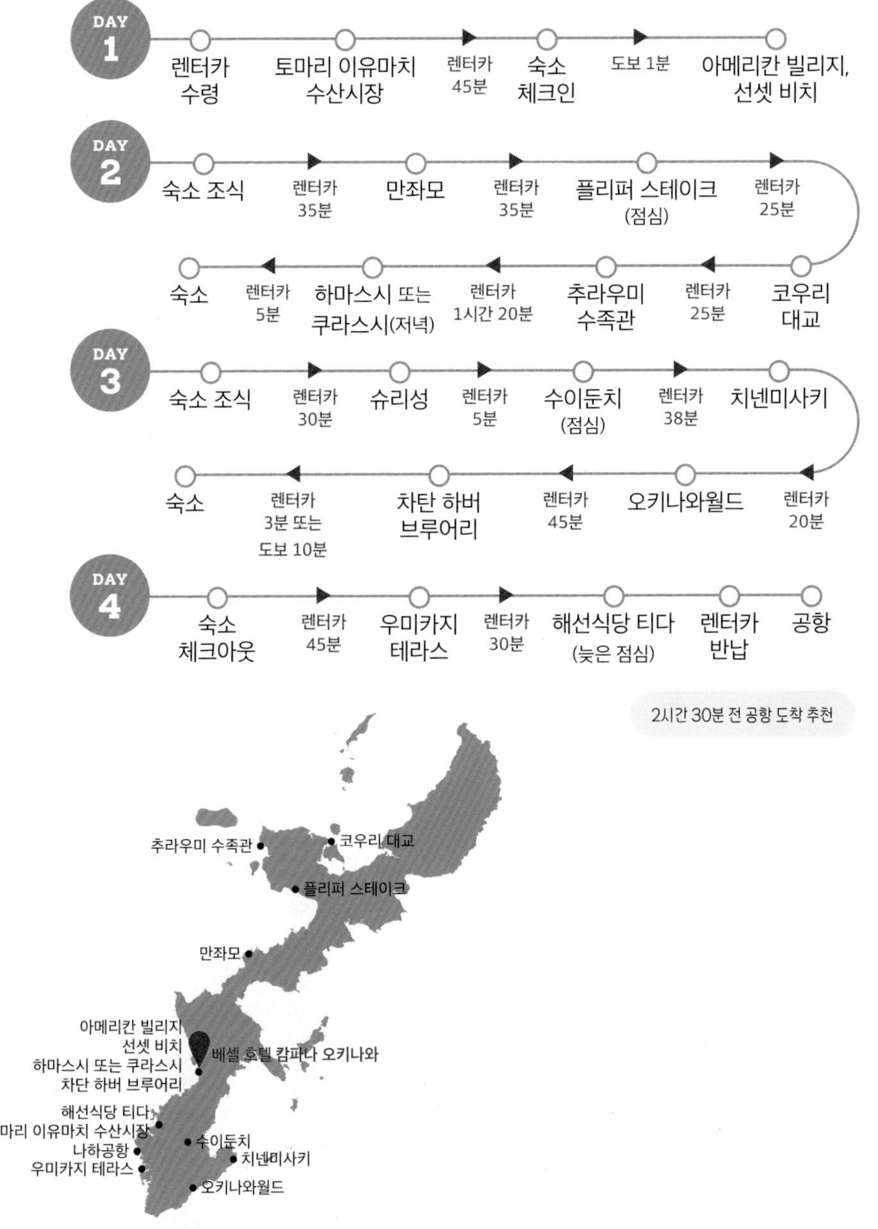
DAY 1
렌터카 수령
토마리 이유마치 수산시장
렌터카 45분
숙소 체크인
도보 1분
아메리칸 빌리지, 선셋 비치
DAY 2
숙소 조식
렌터카 35분
만좌모
렌터카 35분
플리퍼 스테이크 (점심)
렌터카 25분
코우리 대교
렌터카 25분
추라우미 수족관
렌터카 1시간 20분
하마스시 또는 쿠라스시(저녁)
렌터카 5분
숙소
DAY 3
숙소 조식
렌터카 30분
슈리성
렌터카 5분
수이둔치 (점심)
렌터카 38분
치넨미사키
렌터카 20분
오키나와월드
렌터카 45분
차탄 하버 브루어리
렌터카 3분 또는 도보 10분
숙소
DAY 4
숙소 체크아웃
렌터카 45분
우미카지 테라스
렌터카 30분
해선식당 티다 (늦은 점심)
렌터카 반납
공항
2시간 30분 전 공항 도착 추천
추라우미 수족관
코우리 대교
플리퍼 스테이크
만좌모
아메리칸 빌리지
선셋 비치
하마스시 또는 쿠라스시
차단 하버 브루어리
베셀 호텔 캄파나 오키나와
해선식당 티다
토마리 이유마치 수산시장
나하공항
우미카지 테라스
수이둔치
치넨미사키
오키나와월드

류큐 호텔 & 리조트 나시로 비치

Ryukyu Hotel & Resort Nashiro Beach 琉球ホテル&リゾート 名城ビーチ

2022년에 오픈한 호텔로 '리조트에서 우아하게 놀다'라는 테마에 걸맞은 시설을 갖추고 있다. 나하공항에서 20분 거리에 있다는 건 특장점. 기본 룸 외에 커넥팅룸을 갖추고 있어 일행이 많은 대가족 여행도 가능하다. 실내풀, 오션풀, 유수풀, 키즈풀 등 다양한 수영장이 있고 전용 해변에서 스노클링, 서핑 등 짜릿한 수상 스포츠를 즐길 수 있다. 마사지, 피트니스센터, 기념품 및 부티크 매장 등의 부대시설은 물론 오키나와의 신선한 해산물을 마음껏 맛볼 수 있는 조식 뷔페와 일식, BBQ, 철판요리 등 6개의 레스토랑과 2개의 바, 1개의 카페 등에서 점심, 저녁 식사도 가능하다.

주소 沖縄県糸満市名城 963
홈페이지 https://ryukyuhotel.kenhotels.com
전화 098-997-5550
체크인 15:00 **체크아웃** 11:00
인근 추천 리조트 류큐 온센 세나가지마 호텔, Hyakuna Garan 百名伽藍

3박 4일 추천코스

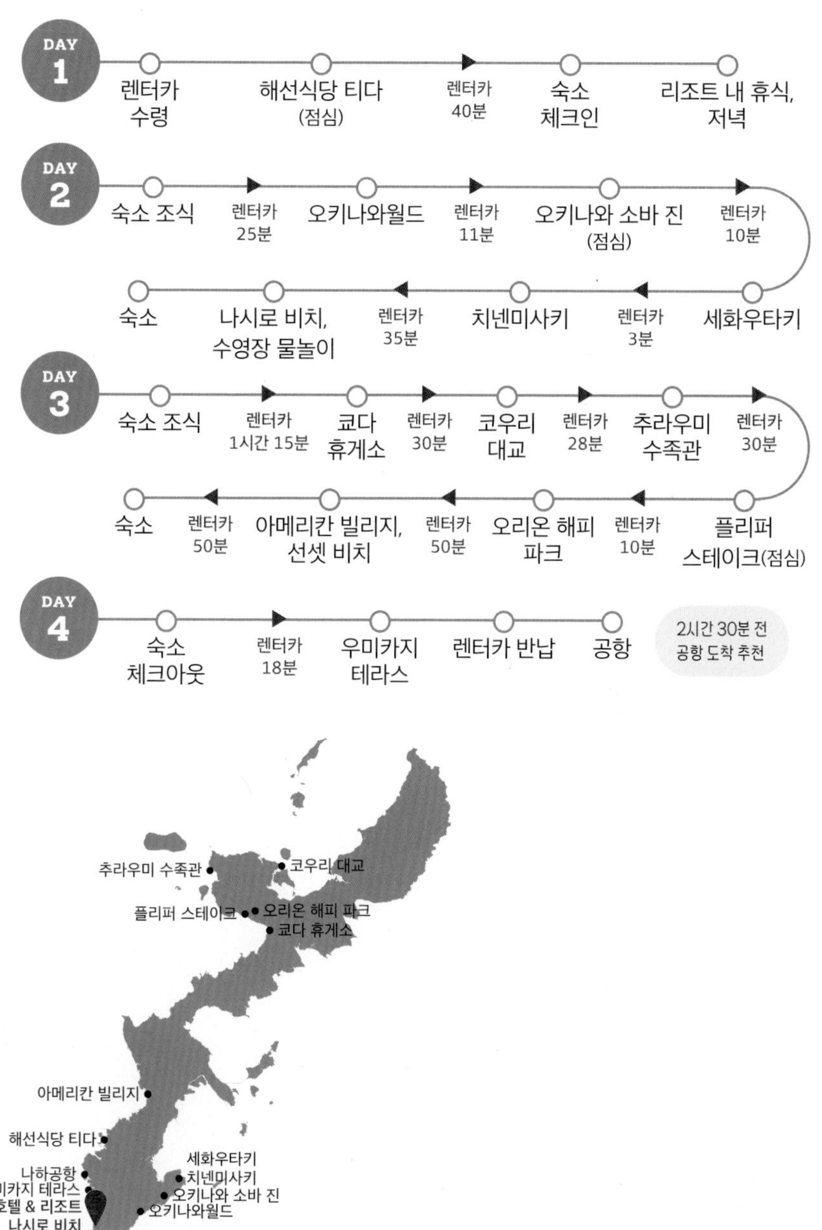
DAY 1
렌터카 수령
해선식당 티다 (점심)
렌터카 40분
숙소 체크인
리조트 내 휴식, 저녁
DAY 2
숙소 조식
렌터카 25분
오키나와월드
렌터카 11분
오키나와 소바 진 (점심)
렌터카 10분
세화우타키
렌터카 3분
치넨미사키
렌터카 35분
나시로 비치, 수영장 물놀이
숙소
DAY 3
숙소 조식
렌터카 1시간 15분
쿄다 휴게소
렌터카 30분
코우리 대교
렌터카 28분
추라우미 수족관
렌터카 30분
플리퍼 스테이크(점심)
렌터카 10분
오리온 해피 파크
렌터카 50분
아메리칸 빌리지, 선셋 비치
렌터카 50분
숙소
DAY 4
숙소 체크아웃
렌터카 18분
우미카지 테라스
렌터카 반납
공항
2시간 30분 전 공항 도착 추천
추라우미 수족관
코우리 대교
플리퍼 스테이크
오리온 해피 파크
쿄다 휴게소
아메리칸 빌리지
해선식당 티다
나하공항
우미카지 테라스
류큐 호텔 & 리조트
나시로 비치
세화우타키
치넨미사키
오키나와 소바 진
오키나와월드

오키나와 지역 정보

Travel Information by Area

나하는 오키나와현에서 가장 큰 도시로 오키나와의 관문인 나하 공항이 위치한다. 오키나와 하면 딱 떠오르는 에메랄드빛 바다, 휴양의 느낌과는 다소 거리가 있지만 활기 넘치는 거리와 다양한 오키나와의 문화를 경험할 수 있는 지역이다. 다양한 쇼핑 스폿이 가득한 국제거리와 오키나와 도자기의 고향인 츠보야 야치문도리를 비롯해 유네스코 세계문화유산인 슈리성 공원과 시키나엔 등의 문화·역사적 유적지도 함께 여행할 수 있다. 교통체증이 심한 편으로 렌터카보다는 대중교통을 추천! 대부분의 나하 관광지는 12.9km의 유이레일을 이용하여 여행이 가능하다.

Naha 나하

那覇

나하 추천 코스

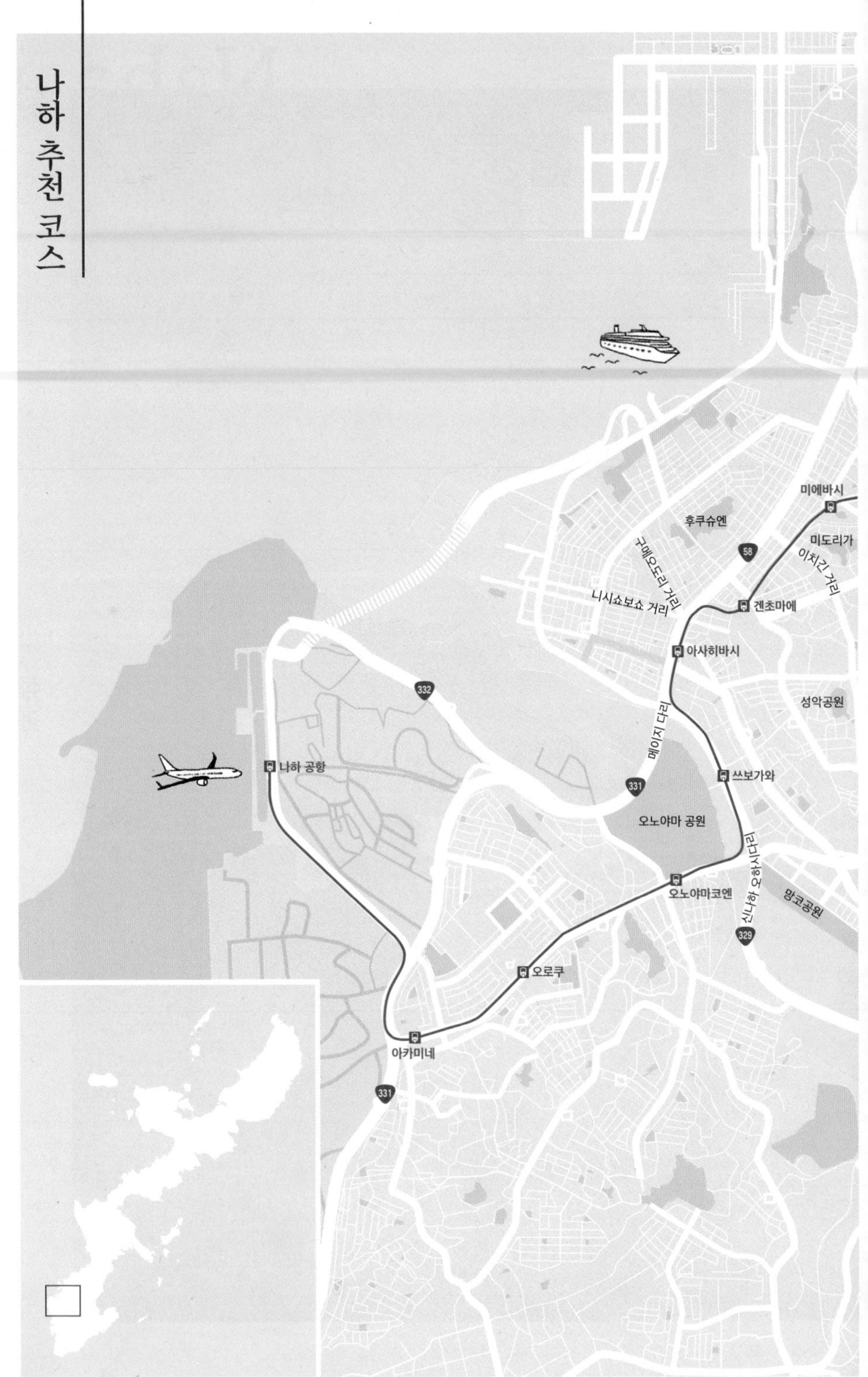

미에바시
후쿠슈엔
미도리가
58
이치긴 거리
구메오도리 거리
니시쇼보쇼 거리
겐초마에
아사히바시
332
성악공원
메이지 다리
쓰보가와
나하 공항
331
오노야마 공원
신나하 오하시 다리
오노야마코엔
망고공원
329
오로쿠
아카미네
331

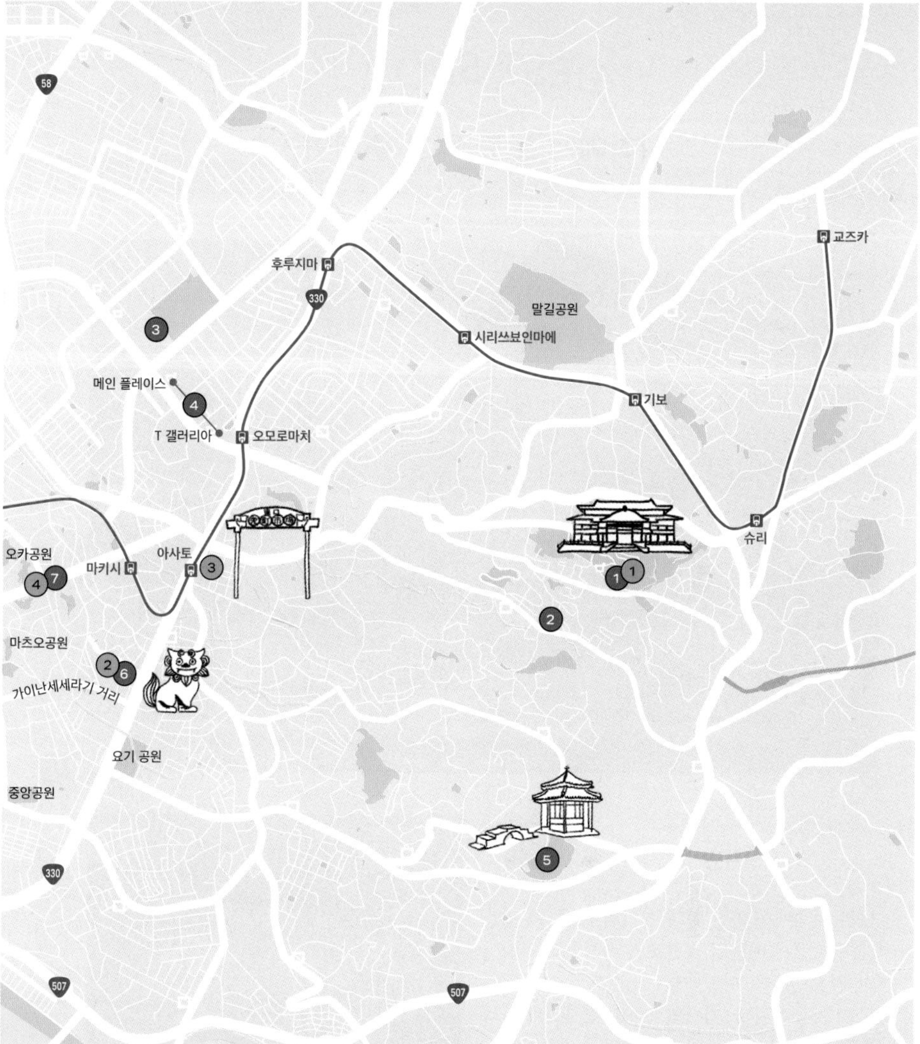

1일 추천 코스

① 슈리성 공원 P.112
② 츠보야 야치문 거리 P.110
③ 사카에마치 시장(벤리야) P.127
④ 국제거리 P.106

1박 2일 추천 코스

1일차

① 슈리성 공원 P.112
② 슈리 킨조초 돌다다미길 P.116
③ 오키나와 현립 박물관 P.121
④ 메인 플레이스, T 갤러리아 P.119, 120

2일차

⑤ 시키나엔 P.117
⑥ 츠보야 야치문 거리 P.110
⑦ 국제거리 P.106

BEST SPOT

나하에서 보고 먹고 즐기기

국제거리

国際通り 고쿠사이도리

나하 시내에서 가장 번화한 거리로 제2차 세계대전 당시 미군의 폭격으로 폐허가 되었지만 일본인들의 피땀 어린 노력으로 지금의 모습으로 바뀌어 '기적의 1마일'이라고도 불린다. 국제거리를 중심으로 마키시 공설시장 第一牧志公設市場, 츠보야 도자기 거리 등 나하의 주요 볼거리가 도보로 연결되고 온갖 숍, 레스토랑, 공연장 등도 밀집해 있다. 오키나와식 하와이안 셔츠 '카리유시 かりゆし', 자색 고구마 타르트 '베니이모 紅芋', 수공예 유리 액세서리 등이 국제거리의 인기 쇼핑 품목이다.

가는 방법 유이레일 겐초마에역県庁前駅, 마키시역牧志駅에서 도보 3분.

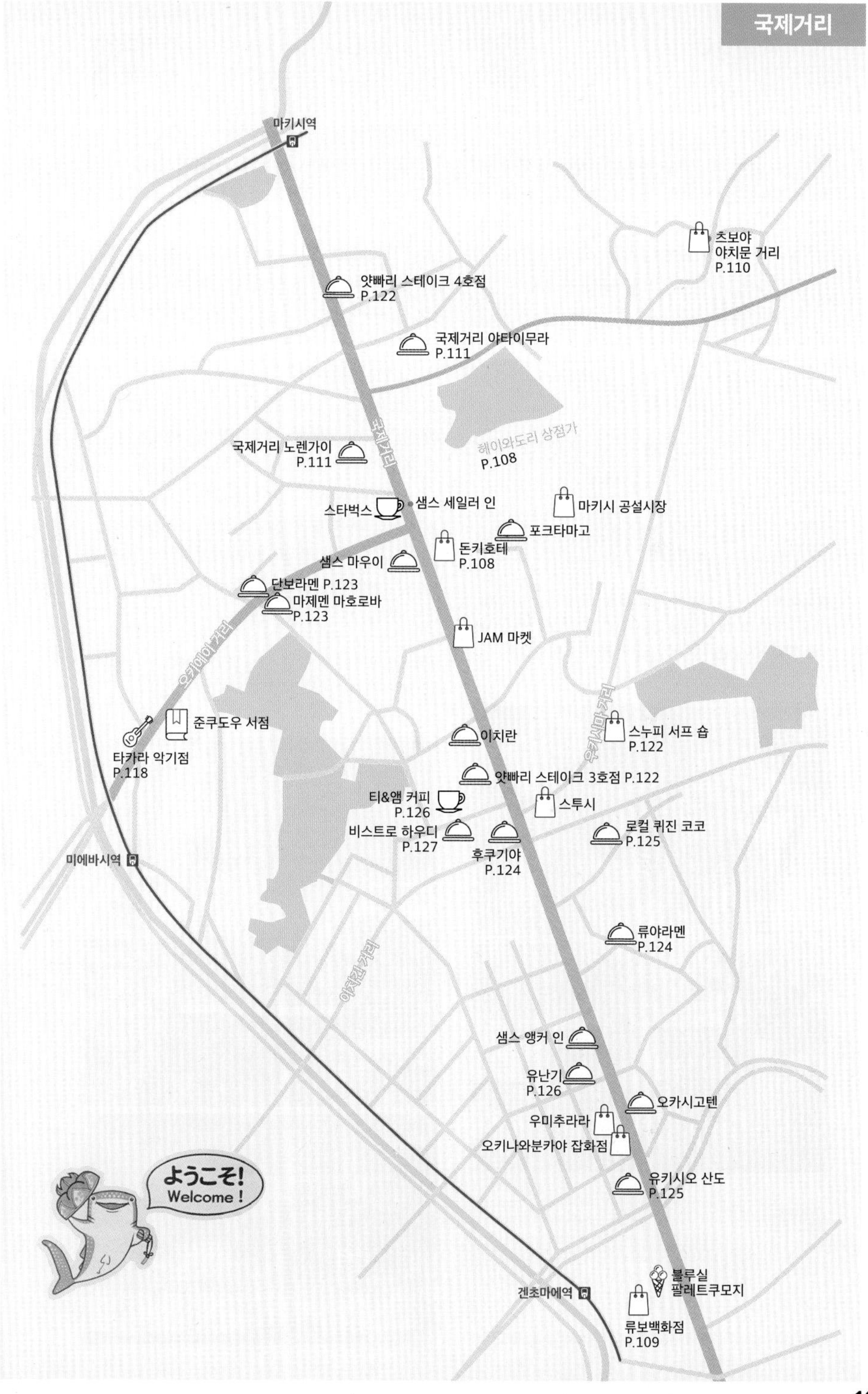

마키시역

츠보야
야치문 거리
P.110

얏빠리 스테이크 4호점
P.122

국제거리 야타이무라
P.111

헤이와도리 상점가
P.108

국제거리

국제거리 노렌가이
P.111

스타벅스

샘스 세일러 인

마키시 공설시장

포크타마고

돈키호테
P.108

샘스 마우이

단보라멘 P.123

마제멘 마호로바
P.123

JAM 마켓

오키에이 거리

준쿠도우 서점

타카라 악기점
P.118

이치란

우키시마 거리

스누피 서프 숍
P.122

얏빠리 스테이크 3호점 P.122

티&앰 커피
P.126

스투시

비스트로 하우디
P.127

후쿠기야
P.124

로컬 퀴진 코코
P.125

미에바시역

류야라멘
P.124

야치진 거리

샘스 앵커 인

유난기
P.126

오카시고텐

우미추라라

오키나와분카야 잡화점

유키시오 산도
P.125

ようこそ!
Welcome !

블루실
팔레트쿠모지

겐초마에역

류보백화점
P.109

돈키호테 국제거리점

ドン・キホーテ 国際通り店

국제거리에 있는 대형 잡화점으로 없는 게 없다는 말이 딱 맞는 곳이다. 각종 생활용품부터 장난감, 의약품, 먹거리까지 다양한 상품을 취급하면서 가격도 저렴해 관광객들에게 필수코스! 돈키호테 때문에 국제거리를 방문한다는 사람도 있다. 국제거리점은 24시간, 연중무휴이기 때문에 여행객들은 보통 마지막 날 한국으로 돌아가기 전 선물이나 기념품 쇼핑을 이곳에서 한 방에 끝내기도 한다.

4층	건강식품, 제약품
3층	장난감, 성인용품
2층	화장품
1층	오키나와 기념품
지하 1층	식료품

홈페이지 www.donki.com/store/shop_detail.php?shop_id=323 **운영** 09:00~03:00 **휴무** 연중무휴 **가는 방법** 유이레일 미에바시역美栄橋駅에서 도보 8분.

TIP

돈키호테에서 5,000엔 이상 구매하면 8%에 해당하는 세금을 환급받을 수 있다. 세금을 환급받으려면 여권을 꼭 지참해야 한다.

헤이와도리 상점가

平和通り商店街 Heiwa Dori

마키시역에서 500m쯤 떨어져 있는 전통 시장이다. 아케이드 천장으로 되어 있어 비가 내려도 시장을 즐기기에 불편함이 없다. 시장의 분위기는 우리나라의 남대문시장을 떠올리면 비슷하다. 긴 아케이드를 따라 골목골목이 얽혀 있어 길을 잃기 쉽지만 어느 출구로 나와도 거기서 거기이니 길을 잃지 않으려고 애쓸 필요는 없다. 오전이 비교적 한산하고 오후에 붐비는 편. 18:00면 문을 닫는 상점이 많다.

헤이와도리 平和通り(평화시장) 근처에는 이치바혼도리 市場本通り(나하시장)도 있다. 두 시장이 사실상 이어져 있고 분위기도 크게 다르지 않아 여행자 입장에서 어느 시장이라고 애써 구분하며 찾는 건 의미가 없다. 돈키호테 옆 아케이드 골목이 이치바혼도리 입구로 접근하기 가장 수월하다.

운영 10:00~18:00(상점마다 상이) **가는 방법** 유이레일 마키시역牧志駅에서 국제거리 방향으로 도보 10분.

류보백화점

デパートリウボウ

나하시 현청 앞에 위치한 백화점으로 오키나와현 내 유일한 백화점이다. 지하에 위치한 대형마트는 물론 다양한 식품 코너, 화장품 매장, 브랜드 매장 등 우리나라의 일반적인 백화점을 생각하면 크게 다르지 않다. 무인양품과 프랑프랑 등의 매장도 입점해 있다. 1층에 면세 환급 창구가 마련되어 있어 백화점 수수료를 제외하고 세금을 환급받을 수 있으니 쇼핑을 할 계획이라면 여권을 준비해 가자.

홈페이지 https://ryubo.jp **전화** 098-867-1171 **운영** 10:00~20:30(3~8층은 20:00까지, 2층 카페는 08:00 오픈) **휴무** 연중무휴 **가는 방법** 유이레일 겐초마에역県庁前駅에서 도보 1분.

나하 OPA

Naha OPA 那覇オーパ

2018년 10월 문을 연 쇼핑몰로 유이레일 아사히바시역과 연결되어 있고 나하 버스터미널 2~3층에 위치해 접근성이 좋다. 전통 도자기와 액세서리 등 선물하기 좋은 고급 기념품 숍, 디자이너 의류 숍, 디저트 카페, 세금 환급 가능한 드러그스토어 오페레타Operette, 다이소 등이 입점해 있어 쇼핑하기 좋다. 스타벅스, 호시노커피 외에 다양한 식음료점들도 입점해 있어 나하 버스터미널을 이용한다면 대기 시간에 이용하기 좋다.

홈페이지 https://www.opa-club.com/naha **맵코드** 33 126 794*67 **운영** 10:00~20:00 **휴무** 연중무휴 **요금** 상점마다 다름 **가는 방법** 유이레일 아사히바시역旭橋駅과 연결.

츠보야 야치문 거리

壺屋やちむん通り 츠보야야치문도리

오키나와 도자기의 본고장이며 도예공방과 도자기 체험장이 모여 있는 골목이다. '야치문'은 오키나와 방언으로 도자기를 말하는데 약 300년 전 조선의 도공이 류큐 왕조에 초빙되어 가마를 설치하고 그릇을 굽는 도자 기술을 전수하며 오키나와 도예는 전성기를 맞이했다. 현재는 대부분의 도공들이 중부에 있는 요미탄 도자기 마을로 이동했지만 츠보야야키 壺屋焼의 명맥을 이어온 도공들이 형성한 도예촌은 여전히 이곳에 남아 있다. 도자기 판매점, 공방, 체험장, 카페 등이 모여 있지만 붐비지 않아 평화롭게 옛 정취를 느끼며 둘러볼 수 있다.

운영 매장마다 상이 **휴무** 매장마다 상이 **가는 방법** 유이레일 마키시역牧志駅에서 도보 10분.

츠보야 도자기 박물관

壺屋焼物博物館

야치문 거리 가장 안쪽에 있는, 국제거리 시장 통로인 헤이와도리(평화거리)에서 가까운 시립 박물관이다. 오키나와의 도자 기술과 역사를 한눈에 공부할 수 있도록 잘 정리되어 있다. 근처에 페누가마로 불리는 오키나와현 유형문화재로 지정된 막사발용 통가마터가 있고 통가마 앞에는 도자기 매장 겸 카페 페누가마 南窯가 있다.

홈페이지 www.edu.city.naha.okinawa.jp/tsuboya **운영** 10:00~18:00 **휴무** 월, 12/28~1/4 **입장료** 350엔, 학생과 15세 미만 무료

이쿠도엔

育陶園

오키나와에서 6대째 츠보야야키 壺屋焼를 만들고 있는 도자기 브랜드로 도자기 및 시사 シーサー 만들기 1일 체험이 가능하다. 원하는 시간에 체험하려면 홈페이지를 통한 예약이 필요하고 당일이나 전날은 전화로만 예약을 받는다. 도자기를 굽는 시간이 필요해 바로 가져갈 수 없고 1~2개월 후에 택배 또는 직접 방문해 찾을 수 있다. 한국으로 배송도 가능하다.

홈페이지 www.ikutouen.com/yachimun-dojo **전화** 098-866-1635 **영업** 10:00~18:00 **휴무** 1/1~2

1일 체험

운영 10:00~16:00(1시간 간격)

체험료 3,000~5,000엔

소요시간 30분~1시간 30분

국제거리 노렌가이

国際通りのれん街

예전 미츠코시 백화점이 있던 자리에 쇼와시대 昭和時代(쇼와 : 일본의 연호) 감성을 현대적으로 재해석해 만든 실내포차다. 지하 1층부터 지상 2층까지 '쇼와' 느낌이 가득한 가게가 즐비한데 메뉴나 좌석, 마시는 방법까지 비슷하다. 스테이크나 쿠시카츠 串カツ, 야키니쿠 焼肉, 해산물, 스탠딩 이자카야까지 다양한 일본의 먹거리들은 물론 한국 음식들도 맛볼 수 있다. 에스컬레이터를 타고 층간 이동을 하며 만나는 '오미쿠지 에스컬레이터'로 운세를 점쳐보자.

홈페이지 https://kokusaidori-norengai.com **운영** 11:00~04:00 **휴무** 연중무휴 **가는 방법** 헤이와도리에서 국제거리를 건너면 바로.

TIP

오미쿠지 おみくじ는 일본의 신사·절 등에서 만나볼 수 있는 길흉을 점치기 위한 운세 쪽지 또는 운세 뽑기 정도로 생각하면 된다. '대길 大吉' > '중길 中吉' > '소길 小吉' > '흉 凶' > '대흉 大凶'의 순서로 운세를 점칠 수 있는데 나쁜 결과가 나와도 크게 신경 쓰지 말고 재미로 생각하자.

국제거리 야타이무라

国際通り屋台村

작은 이자카야가 오밀조밀하게 모인 이색 포장마차촌으로 몇 년 전 국제거리 뒷골목에 생겨나 젊은 여행객들 사이에서 선풍적인 인기를 끌고 있다. 주인장과 마주 앉는 바 자리 몇 석을 제외하면 대부분이 노상에 작은 탁자와 의자를 놓고 장사한다. 꼬치, 튀김, 초밥, 아이스크림, 일본 칵테일을 저렴하고 다양하게 골라 즐길 수 있다. 늦은 밤까지 영업하기 때문에 오키나와의 밤을 즐기기에 좋다.

홈페이지 https://kokusaidoori-yataimura.okinawa **운영** 12:00~24:00 **휴무** 화, 수, 토 **요금** 상점마다 다름 **가는 방법** 유이레일 마키시역 牧志駅에서 도보 4분.

슈리성 공원

首里城公園 슈리조코엔

일본, 한국, 중국 사이에서 중계무역을 하며 번영을 누린 류큐 왕국 琉球王国의 화려했던 역사를 짐작해 볼 수 있는 공간으로 창건 시기는 14세기로 알려져 있지만 확실하지 않다. 슈리성은 1945년 미군과의 오키나와 전투에서 완전히 소실되었으나, 오키나와가 미군으로부터 일본에 반환된 지 20주년이 되는 1992년에 국영공원으로 복원되었다. 하지만 2019년 10월 31일에 화재가 발생해 중심 건물인 정전과 북전, 남전 등 총 7곳이 전소되어 현재까지 복구 작업이 진행 중이다.

오키나와 도심을 가로지르는 유이레일을 타고 슈리역에서 내리면 슈리성으로 가는 안내 표지판을 어렵지 않게 찾을 수 있다. 성에 오르는 길이 가파르고 그늘이 많지 않으니 날씨가 더울 때는 음료를 준비하는 게 좋다. 슈리성 전체가 아닌 슈리 성터와 공원 내의 소노햔우타키 석문 園比屋武御嶽石門만 유네스코 세계문화유산으로 등록되어 있다. 정전으로 들어가는 고우후쿠문 広福門 광장 앞에서 매일 3회 궁중무용을 공연한다.

TIP

슈리성 일대는 바닥이 울퉁불퉁한 돌로 이루어져 있고 계단이 많은 편으로 되도록 편한 신발을 신고 가는 것이 좋다.

홈페이지 https://oki-park.jp/shurijo **맵코드** 33 161 497*20 **전화** 098-886-2020 **운영** 08:00~18:30 **휴무** 연중무휴 **요금** 성인 400엔, 학생 300엔, 6세 이상 160엔 **주차장** 유료(3시간 400엔), 홈페이지에서 현황 확인 가능

가는 방법

① 유이레일 슈리역首里駅 하차 후 도보 15분.

② 슈리역 앞 버스 정류장에서 시내선 1, 14번이나 시외선 346번 타고 슈리성 공원 입구首里城公園入口 정류장 하차 후 도보 5분.

TIP

류큐 왕국은 1406년 쇼하시 尙巴志에 의해 건국되었고, 1879년에 쇼타이 尙泰 국왕을 끝으로 메이지 정부에 의해 패망했다. 약 470년간 류큐 왕국의 정치, 외교, 문화의 중심지였던 슈리성은 외적의 침입을 방어하기보다 주로 정치와 의식을 목적으로 이용되었다. 또한 중국, 일본, 동남아시아와 교역이 빈번하였기 때문에 일본의 건축양식보다 중국의 남방 문화권 건축양식을 많이 닮았다. 북방과 남방을 잇는 해상 교역의 거점이었기 때문에 여러 나라의 칠기, 염직물, 도기, 음악 등을 받아들여 류큐 왕국 특유의 문화를 형성하게 되었다.

슈리성 공원

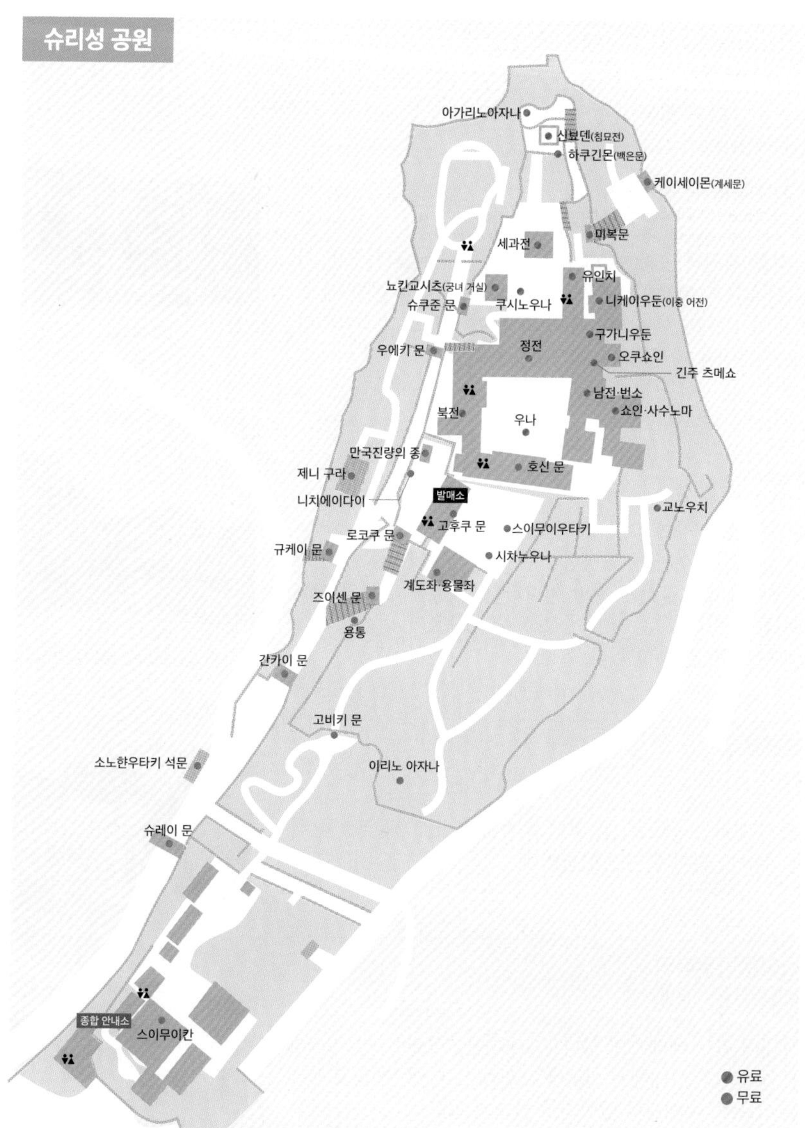

슈레이문

守礼門 슈레이몬

슈리성 정문으로 2,000엔짜리 지폐의 모델로 유명하다. 중국 양식으로 지어진 이 문은 1527~1555년에 세워졌으며, 1933년 국보로 지정되었지만 오키나와 전투로 소실되어 1958년에 복원됐다. 슈레이는 '예를 지킨다'는 뜻으로 현판의 '슈레이노쿠니 守禮之邦'는 '예절을 중시하는 나라'라는 의미. 류큐 왕국이 전통 예절을 중시했음을 보여 준다.

소노햔우타키 석문

園比屋武御嶽石門 소노햔우타키이시몬

슈레이문을 지나면 왼쪽으로 보인다. 문처럼 생겼지만 사람이 지나다니는 용도는 아니고 왕이 성 밖으로 외출할 때 안전을 기원하는 예배소였다. 1519년에 창건되었으며 지붕은 류큐 석회암으로 장식되어 있다. 오키나와 전투 때 소실되어 1957년 복원되었다. 1933년에 국보로 지정되었다가 2000년에 세계문화유산으로 등재되었다.

간카이문

歓会門 간카이몬

슈리성 성곽 내에 있는 첫 번째 문으로 '간카이'를 우리나라 식으로 해석하면 '환영한다'는 의미다. 간카이문부터 고후쿠문까지의 구간은 왕만 지나다닐 수 있는 일종의 어도로, 류큐 왕국의 왕 외에는 중국 사신들만 이 구간을 통해 성으로 들어갈 수 있었다.

로코쿠문

漏刻門 로코쿠몬

'물시계'라는 뜻으로 문 위의 누각 안에 물시계 역할을 하는 수조가 있어 붙여진 이름이다.

스이무이우타키

首里森御嶽 스이무이우타키

성내에 있는 예배소의 하나로 1997년(헤이세이 9년) 12월에 복원되었다. 성내에는 이곳을 포함해 '도타케 十嶽'라고 불리는 10곳의 예배당이 있었다고 알려져 있다.

고후쿠문

広福門 고후쿠몬

전체가 목조 건물로 류큐 왕국 시절 정전으로 가는 출입구이자 국왕을 보좌하는 행정기관이 있던 곳이다. 현재는 정전으로 들어가는 입구에 있어 문으로 들어서면 왼쪽에 매표소가 자리한다. 문을 지나기 전에 뒤로 돌아보면 성벽 뒤로 보이는 나하 시내의 전경을 감상할 수 있는 스폿이기도 하다.

만국진량의 종

万国津梁の鐘 반코쿠신료노카네

정전 앞에 걸려 있던 동종으로 '사계의 가교'라는 의미를 가지고 있다. 종에는 '류큐 왕국은 남쪽 바다의 아름다운 나라이며 조선, 중국, 일본 사이에 있어 만국을 잇는 다리가 되어 무역으로 번영하는 나라다'라는 글이 새겨져 있다.

슈리성 정전

正殿 세이덴

류큐 왕국의 국왕이 머물며 정사를 보살피던 곳이다. 중국과 일본의 스타일이 섞인 류큐 왕국의 독자적인 건축양식으로 일본에서 가장 큰 목조 건축물이기도 하다. 14세기 말에 높이 18m, 너비 29m의 3층 건물로 지어진 슈리성의 중심이다. 정전 앞뜰에서 류큐 왕조의 정치와 관련된 여러 의식을 행하였고, 여행자가 관람할 수 있는 정전 1층은 정치와 제사 의식을 거행하던 곳이다. 현재는 화재로 인해 복원공사 중으로 2026년 완공을 목표로 하고 있다.

용통

龍樋 류히

슈리성의 샘으로, 모르고 가면 그냥 지나치기 쉬운 곳이다. 1532년 류큐 왕국의 재상이었던 다쿠시 모리사토가 500여 년 전 중국에서 가져온 용 조각은 눈여겨볼 만하다. 전쟁 때문에 거의 남은 것 없이 소실되었던 성터에서 기적처럼 원형 그대로 보존되고 있는 곳 중 하나로 류큐 왕국 시대에는 왕실 전용 샘으로 사용되었다고 전해진다. 현재는 행운을 비는 샘물 정도로 여겨지는데, 자그마한 연못에 여행자들이 소원을 빌며 던져놓은 동전이 수북하다.

옥릉

玉陵 타마우둔

류큐 왕조 3대 왕 쇼신이 2대 왕 쇼엔의 유해를 모시기 위해 1501년에 만든 거대한 돌무덤으로 오키나와에서 가장 큰 규모를 자랑하는 파풍묘 破風墓 형식의 왕릉이다. 오키나와 전투 당시에 부분적으로 파손되었다가 1974년부터 3년에 걸쳐 복원되었다.
전체는 3개의 묘실(중실, 동실, 서실)로 구성되어 있고, 동실에는 왕과 왕비의 유골, 서실에는 그 가족의 유골을 안치하였다. 류큐 왕조의 독특한 장례문화를 엿볼 수 있는 중실(시루히라시 シルヒラシ)은 유해의 뼈만 남을 때까지 방치하는 방으로, 몇 년이 지난 후 뼈가 골라지면 깨끗하게 씻는 세골 洗骨을 진행한 후 항아리에 담아 동실이나 서실에 안치하였다. 2000년 12월 세계문화유산으로 등록되었다.

홈페이지 https://oki-park.jp/shurijo/shuri-aruki/siseki/2014/03/post-72.html **맵코드** 33 161 630*85 **전화** 098-885-2861 **운영** 09:00~18:00 **휴무** 연중무휴 **요금** 성인 300엔, 어린이 150엔 **주차장** 없음 **가는 방법** 슈리성 슈레이문에서 도보 3분.

슈리 킨조초 돌다다미길

首里金城町石畳道
슈리 킨조오초 이시타다미미치

류큐 왕국 시대인 1522년경부터 오키나와 남부로 통하는 길의 일부로 슈리성과 귀족들이 살던 킨조초 지역을 연결하던 4km가량의 돌길이었는데 제2차 세계대전 때 거의 파괴되어 지금은 300m 정도만 남아 있다. 골목 양옆에는 오래된 집과 오키나와의 독특한 지붕을 볼 수 있으며 '일본의 아름다운 길 100선'에 선정되었다.

맵코드 33 160 269*05 **전화** 098-917-3501 **주차장** 없음 **가는 방법** 슈리성에서 도보 10분.

TIP

슈리성과 함께 여행하기 좋지만 슈리성도 돌다다미길도 제법 걷기 때문에 힘들 수 있다. 가까운 유이레일 역은 기보역儀保駅이나 슈리역首里駅이니 택시를 이용하는 것도 방법이다.

TIP

돌다다미길 중간쯤에는 한국 드라마 '상어'의 촬영지였던 가나구시쿠무라야 金城村屋가 있다. 잠시 쉬어 가기 좋다.

시키나엔

識名園

1799년에 조성된 류큐 왕국의 별궁으로 당시에는 주로 중국 황제의 책봉사를 접대하는 영빈관이나 류큐 왕국의 요양원으로 사용되었다. 류큐가 넓은 나라로 보이게끔 사방 어디에서도 바다가 보이지 않게 지었다고 전해진다. 연못 주위의 풍경을 즐길 수 있는 회류식으로 조성되어 있으며, 사계절 내내 꽃과 녹음이 있어 아름답다. 2000년에 국가특별명승지로 지정되었고 세계문화유산으로 등록되어 있다. 경사가 거의 없어 유유자적 둘러보기 좋으면 1시간 정도면 돌아볼 수 있다.

맵코드 33 101 872*86 **전화** 098-855-5936 **운영** 4~9월 09:00~18:00(입장 마감 17:30), 10~3월 09:00~17:30(입장 마감 17:00) **휴무** 수 **요금** 성인 400엔, 중학생 이하 200엔 **주차장** 무료 **가는 방법** ① 슈리성에서 차로 10분 또는 도보 30분. ② 시내선 버스 2, 3, 4, 5, 14번을 타고 시키나엔마에識名園前 정류장 하차.

나미노우에 신사

波上宮 나미노우에진자

나미노우에 지역에서는 예로부터 나하항의 상업지역을 드나드는 배들은 절벽 위의 신사를 바라보며 여행을 기원하고 감사를 표했다고 전해진다. 현지인에겐 오키나와 바다의 신들에게 풍요, 풍작, 재운, 평화 등 소원을 비는 곳으로, 관광객들에게는 바다와 신사가 어우러지는 멋진 풍경을 볼 수 있는 곳으로 더 유명하다. 입구에 있는 도리이 鳥居(신사 입구에 세운 기둥 문) 기준으로 왼쪽은 나미노우에 신사, 오른쪽은 불교 호국사다. 규모가 크지 않아 넉넉히 20분 정도면 돌아볼 수 있다.

홈페이지 https://naminouegu.jp **운영** 09:00~16:30 **주차장** 있음(20대 정도 주차 가능) **가는 방법** ① 유이레일 아사히바시역旭橋駅에서 도보 15분. ② 유이레일 겐초마에역県庁前駅 하차 후 팔레트구모지마에パレットくもじ前 정류장에서 버스 2, 5, 15, 45번을 타고 세이부문西武門 하차, 도보 3분.

나미노우에 비치

波の上ビ-チ

나하 시내에 있는 유일한 해수욕장이다. 국제거리에서 걸어서 15분 정도 거리에 있고 공항도 가까워 시간이 남는 여행자들이 잠시 이용하기 좋다. 매점, 탈의실, 코인 라커, 코인 샤워장, 파라솔 등을 갖추고 있고 옆에 있는 공원에서는 바비큐 파티도 가능하다. 수영은 4~10월, 09:00~18:00 사이에만 가능하다.

홈페이지 www.naminouebeach.jp **맵코드** 33 185 056*30 **전화** 098-863-7300 **운영** 09:00~18:00(7~8월 ~19:00) **휴무** 연중무휴 **주차장** 있음(무료) **가는 방법** 유이레일 겐초마에역県庁前駅에서 도보 15분.

타카라 악기점

高良楽器店

1951년에 오픈한 오키나와 최초의 악기 판매점이다. 오키나와의 음악을 전부 접할 수 있다고 해도 과언이 아닌 곳! 오키나와 전통 기타인 산신 三線도 판매하고 직접 연주도 해 볼 수 있다. 피아노, 드럼, 기타, 하모니카 등의 악기부터 중고 레코드, 중고 CD, 중고 악기 등도 판매하고 있다.

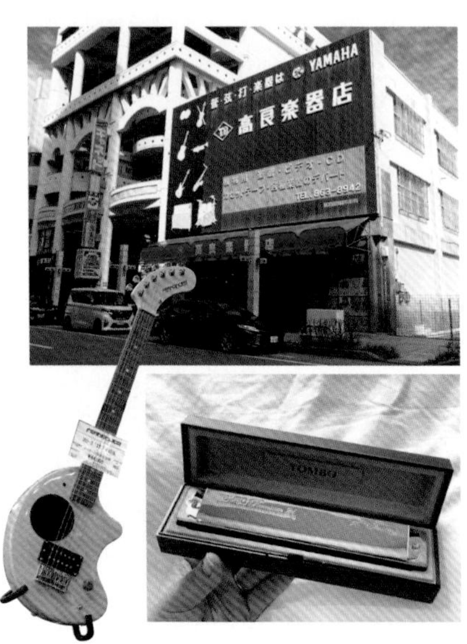

홈페이지 http://takara-gakkiten.jp/top.html **맵코드** 33 157 735*03 **전화** 098-863-8942 **운영** 10:30~20:00 **휴무** 2·4주 수 **주차장** 없음 **가는 방법** 유이레일 미에바시역美栄橋駅에서 도보 2분.

오모로마치역 주변

신도심 공원
오키나와 현립 박물관, 미술관(오키류)
나하 메인 플레이스
슈퍼호텔
알몬트호텔
토요코인
다이와 로이넷호텔
T갤러리아 오키나와
오모로마치역

T갤러리아 오키나와

T GALLERIA by DFS, OKINAWA

일본에서 유일하게 공항이 아닌 도심에 위치한 면세점이다. 신도심 오모로마치역에서 나오면 연결되어 있다. 일본의 백화점과 비교하여 최대 30%까지 할인된 가격으로 구입이 가능하지만, 환율 등의 문제로 가격은 늘 변할 수 있다는 점도 잊지 말자. 우리나라에는 없는 한정판과 다양한 제품을 가진 120여 개의 명품 브랜드들이 있어 그냥 지나치기에는 아쉽다. 오키나와 공항에 없는 브랜드 쇼핑을 원한다면 들러볼 만하다.

홈페이지 www.dfs.com/en/okinawa **맵코드** 33 188 239*71 **전화** 012-078-2460 **운영** 10:00~20:00 **휴무** 연중무휴 **주차장** 있음(구매 금액에 따라 무료) **가는 방법** 유이레일 오모로마치역おもろまち駅에서 도보 1분.

TIP

오모로마치역에서 T갤러리아, 나하 메인 플레이스, 현립 박물관과 미술관, 코프타운까지 이어져 있어 쇼핑을 즐기는 여행자라면 이 일대에서 반나절 이상은 족히 보낼 수 있다.

나하 메인 플레이스

NAHA MAIN PLACE 那覇メインプレイス

나하에서 가장 규모가 큰 쇼핑몰로 T갤러리아 바로 옆에 있다. 약 2,500대의 주차 공간과 패션, 잡화, 가전, 생활용품 등을 판매하는 매장이 있어 현지인들도 즐겨 찾는다. 대형 영화관과 카페, 레스토랑은 물론 ABC마트, 무인양품과 100엔 숍, 쓰리코인즈, 핸즈Hands 등의 생활 잡화점이 입점해 있고 늦은 시간까지 영업해 늘 사람이 북적인다. 쇼핑몰 중심에 대형 슈퍼마켓과 드러그스토어가 있어 귀국 전 기념품을 구입하기에 좋다.

홈페이지 www.san-a.co.jp/nahamainplace **맵코드** 33 188 559*88 **전화** 098-951-3300 **운영** 09:00~23:00(매장별로 다름) **휴무** 연중무휴 **주차장** 있음(구매 금액에 따라 무료) **가는 방법** 유이레일 오모로마치역おもろまち駅에서 도보 5분.

> **TIP**
>
> 번잡한 국제거리 주변의 숙박이 싫다면 오모로마치역 일대의 토요코인, 알몬트호텔, 슈퍼호텔과 같은 비즈니스호텔을 이용하면 편리하다.

카츠노야

かつ乃屋

돈가스를 중심으로 덮밥, 일본식 찌개, 카레, 소바 등을 맛볼 수 있는 레스토랑이다. 메인 메뉴를 정하고 쌀밥 혹은 오곡밥을 선택하면 된다. 돈가스류 전문점이니 돈가스류를 맛보길 추천한다. 입구에서 인원수를 직원에게 알리고 대기하면 좌석을 안내해준다. 나하 메인 플레이스 1층에 있다.

오키나와 현립 박물관·미술관(오키뮤)

沖縄県立博物館・美術館（おきみゅー）

원래 슈리성 근처에 있었으나 2007년에 지금의 자리로 이전하면서 박물관과 미술관이 통합된 오키나와 첫 복합 문화시설이 되었다. 건물은 류큐 왕조의 성을 이미지로 한 흰색이며 입구 양쪽에 오키나와 전통 양식의 가옥이 있고 뒤쪽으로 현대식 설치미술 작품이 세워져 있다. 내부에는 전시관 외에 자료도서관이 있어 오키나와에 관하여 공부하기 좋고, 박물관 숍에는 소장품을 복제한 오리지널 상품을 다양하게 갖추고 있다. 특히 3층의 박물관 카페 카메카메 키친 カメカメキッチン에서는 류큐 전통 과자를 맛볼 수 있다. 공식 이름은 길지만 오키나와+뮤지엄의 합성어인 '오키뮤'로 부른다.

홈페이지 http://okimu.jp **맵코드** 331 88 675 **전화** 098-941-8200 **운영** 09:00~18:00 **휴무** 월, 연말연시 **요금** 박물관 상설전 성인 530엔, 미술관 컬렉션전 성인 400엔 **주차장** 무료 **가는 방법** 유이레일 오모로마치역おもろまち駅에서 도보 12분.

스누피 서프 숍

Snoopy's Surf Shop

하와이와 오키나와 두 곳에만 있는 스누피 서프 숍이다. 국제거리 호텔 컬렉티브 옆 골목 빈티지 숍들이 모여 있는 곳에 위치한다. 크지 않은 규모지만 스누피, 찰리브라운 등의 캐릭터 상품들이 알차게 들어차 있고 오키나와 한정판 제품도 만나볼 수 있다. 서프 숍답게 서퍼들을 위한 상품들도 많고 후드티, 맨투맨, 키링, 에코백, 모자는 물론 유아복까지 다양한 상품들을 판매한다. 스누피 서프 숍 주변으로 빈티지 숍, 가죽제품 전문점들이 모여 있다.

구글 검색 snoopy's surf shop **홈페이지** https://snoopysurf.com **전화** 098-860-8181 **운영** 월~금 12:00~20:00, 토~일 11:00~20:00 **휴무** 연중무휴 **주차장** 없음 **가는 방법** 돈키호테 국제거리점에서 도보 6분.

우키시마 거리에 있어요!

얏빠리 스테이크

やっぱりステーキ

가성비 스테이크 전문점으로 오키나와 국제거리에 2곳(3호점, 4호점)이 있고 오키나와 전역에 7개의 매장이 있다. 입구 자판기에서 주문을 하고 자리를 배정받아 앉아 있으면 스테이크를 가져다준다. 수프, 샐러드, 밥 등은 셀프 코너에서 양껏 가져다 먹을 수 있다. 저렴한 가격에 비해 스테이크의 퀄리티도 나쁘지 않아 부담 없는 가격에 스테이크를 먹고 싶다면 들러볼 만하다.

홈페이지 http://yapparigroup.jp

얏빠리스테이크3호점
운영11:00~21:00

얏빠리스테이크4호점
운영 11:00~20:30

TIP

국제거리에는 국내 여행자들에게 잘 알려진 스테이크하우스 88, 샘스 스테이크, 얏빠리 스테이크 외에도 스테이크집이 여럿 있다. 거짓말 조금 보태 한 집 걸러 한 집이 스테이크를 파는 수준. 퀄리티는 크게 다르지 않은 편이니 동선에 맞는 곳에 들르길 추천한다. 샘스 스테이크는 요리사가 눈앞에서 철판에 야채와 고기를 구워 주지만 취향에 따라 편치 않을 수 있다.

마제멘 마호로바

Mazemen Mahoroba まぜ麺マホロバ

오키나와 최초의 마제멘 전문점으로 길 건너 편에는 단보라멘 ラーメン暖暮이 있다. 자작한 특제 소스에 김 가루, 달걀노른자, 면을 비벼 먹는 담백한 맛의 비빔면인데, 인기가 좋다. 자리에 앉아 태블릿으로 네 가지 면 중 선택하고 양과 토핑을 선택하면 된다. 선택이 어렵다면 오리지널을 추천! 기호에 따라 생마늘, 파, 튀긴 마늘, 김 가루 등을 추가 토핑(유료)해서 먹으면 된다.

홈페이지 https://mazemen-mahoroba.com **맵코드** 33 157 560*44 **전화** 098-917-2468 **운영** 11:30~21:30 **휴무** 연중무휴 **주차장** 없음 **가는 방법** 유이레일 미에바시역美栄橋駅에서 도보 7분.

단보라멘(나하마키시점)

ラーメン暖暮(那覇牧志店)

후쿠오카에 본점을 둔 라멘 체인점으로 오키나와에 여섯 곳이 있다. 반숙 달걀과 차슈, 진한 국물이 들어간 익숙한 일본 라멘이기 때문에 실패할 일은 거의 없다. 입구 왼쪽의 자판기에서 주문하고 식권을 받아 직원에게 전달하면 된다. 자판기 버튼에 사진이 함께 있어 크게 어렵지 않다. 자리에 앉아 면의 굵기, 익힘 정도, 매운 정도, 파 첨가 여부 등을 체크하면 되는데 한글로 적힌 안내서를 주니 걱정하지 않아도 된다. 가장 난이도가 높은 건 매운맛의 강도. 평소 매운맛을 즐기는 편이라면 중간 이상으로 해도 안 맵다.

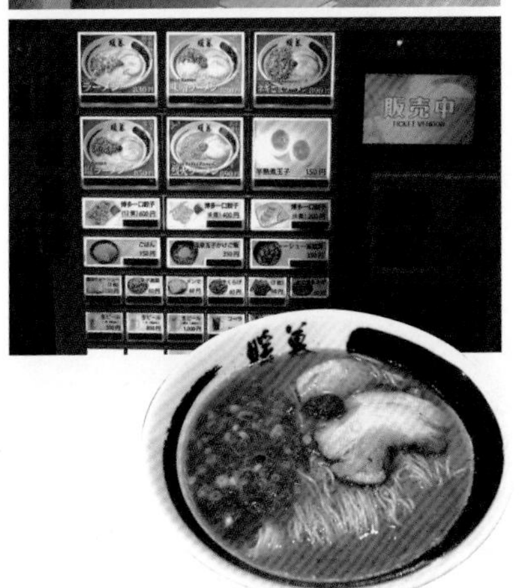

홈페이지 http://ramendanbo.okinawa **맵코드** 33 157 591*33 **전화** 098-863-8331 **운영** 11:00~02:00 **휴무** 연중무휴 **주차장** 없음 **가는 방법** 유이레일 미에바시역美栄橋駅에서 도보 5분.

류야라멘

ラ琉家ラ-メン Ryuya Honten

국제거리에서 늦게까지 영업하는 라멘집을 찾는다면 여기! 외관부터 내부까지 '여기가 일본이구나!' 하는 느낌으로 가득한 식당이다. 혼자 식사가 가능한 좌석부터 4인이 앉을 수 있는 테이블까지 마련되어 있고 메뉴판에 사진은 물론 한글도 적혀 있어 주문에 어려움이 없다. 이 집의 시그니처 메뉴인 특제 소스로 만든 흑마늘 라멘도 경험해보자.

홈페이지 https://www.ryoji-family.co.jp/store.php#a03 **맵코드** 33 157 187*60 **전화** 098-857-5577 **운영** 11:30~23:00 **휴무** 수 **주차장** 없음 **가는 방법** 유이레일 겐초마에역県庁前駅에서 도보 10분.

후쿠기야

ふくぎや

바움쿠헨을 판매하는 베이커리 전문점이다. 가게 앞 통유리창을 통해 바움쿠헨을 한 겹 한 겹 정성스레 굽는 모습을 볼 수 있다. 부드럽고 촉촉하면서 달달한 맛이 매력적이다. 다양한 맛이 함께 있는 세트도 있고 자투리 바움쿠헨을 썰어 담아 판매하는 맛보기 상품도 있다. 오후 시간에 가면 품절되는 맛도 생기니 가능하면 점심시간 전에 가는 게 마음 편하다. 선물용으로 구입한다면 다양한 맛이 들어 있는 상품을 추천. 나하 공항에도 매장이 있다.

홈페이지 www.fukugiya.com **맵코드** 33 157 279*27 **전화** 098-863-8006 **운영** 10:00~20:00 **휴무** 연중무휴 **주차장** 없음 **가는 방법** 유이레일 미에바시역美栄橋駅이나 겐초마에역県庁前駅에서 도보 10분.

유키시오 산도

雪塩さんど

국제거리 초입에 있는 아이스크림 가게. 시원스러운 파란색 간판 아래 소프트 아이스크림을 들고 먹는 사람들로 붐벼 한눈에 찾기 쉽다. 유키시오 소프트 아이스크림에 말차, 히비스커스 등의 다양한 소금 토핑을 뿌려 단짠단짠으로 즐기면 된다. 아이스크림 가게지만 오키나와 특산품인 다양한 종류의 소금과 소금이 들어간 산도, 전병, 러스크 등을 선물용으로 구입하기 위해 찾는 사람들이 많다.

홈페이지 www.yukishio.com **맵코드** 33 156 177*00 **전화** 012-040-8385 **운영** 11:00~20:00 **휴무** 연중무휴 **주차장** 없음 **가는 방법** 유이레일 겐초마에역県庁前駅에서 도보 4분, 류보백화점에서 도보 3분.

TIP

유키시오 雪鹽를 직역하면 '눈소금'인데, 소금의 형태가 고운 가루라 붙여진 이름이다.

로컬 퀴진 코코

Local Cuisine KOKO 郷土料理 ここ

오키나와 현지 음식을 다양하게 맛볼 수 있는 이자카야로 현지인들에게 인기가 있다. 가게 안으로 들어서면 벽과 천장에 이곳을 방문한 사람들의 메모와 사진이 빼곡하다. 예약하지 않으면 먹기 어려울 정도로 늘 대기가 있는 편이라 전화 예약을 할 수 없다면 오픈런을 하는 방법뿐이다. 사진과 함께 한국어로 적힌 메뉴판이 마련되어 있고 오키나와 현지 음식들을 다양하게 맛볼 수 있어 좋다. 메뉴를 골라 주문해도 좋지만 오키나와의 요리 여러 가지를 맛보고 싶다면 2인 6,000엔으로 구성되어 있는 세트 메뉴를 추천한다. 혼자라면 세트 메뉴를 3,000엔으로 즐길 수 있고 현금 결제만 가능하다.

TIP

오키나와 전통 악기인 산신으로 연주하는 일본 향토 음악을 라이브로 들어볼 수도 있다.

맵코드 33 157 220*56 **전화** 098-866-5255 **운영** 18:00~24:00 **휴무** 일요일 **주차장** 없음 **가는 방법** 유이레일 미에바시역美栄橋駅이나 겐초마에역県庁前駅에서 도보 10분.

유난기

ゆうなんぎい

나하 시내 로컬 맛집으로 유명해 평균 1시간 대기는 각오하고 가야 하는 식당이다. 엄청 맛있는 건 아니지만 오키나와 전통 음식을 골고루 맛볼 수 있는 식당이라면 이만한 곳이 없다. 오키나와 어머니의 손맛을 느낄 수 있다고 알려져 있으니 이왕이면 점심보다는 저녁시간에 방문해 요리를 맛보길 추천한다. 유난기 A세트를 주문하면 오키나와식 돼지 육 '라후테 ラフテー', 다시마볶음 '쿠부이리치 クーブイリチ'와 오키나와식 전통 볶음 요리 '찬푸르 チャンプルー', 땅콩이 들어간 쫀득한 두부 '지마미도후 ジーマーミ豆腐' 등 아홉 가지 오키나와 전통 요리를 맛볼 수 있다. 현금 결제만 가능하다.

맵코드 33 157 211*10 **전화** 098-867-3765 **운영** 12:00~14:30, 17:00~21:30 **휴무** 일 **주차장** 없음 **가는 방법** 유이레일 겐초마에역県庁前駅에서 도보 5분.

티&앰 커피

T&M Coffee

국제거리 골목 안쪽에 있는 일본의 오래된 주택을 개조한 카페다. 오래된 민가를 그대로 사용하고 있어 알고 가지 않으면 지나치기 쉽다. 일본 특유의 차분한 감성을 느낄 수 있는 작은 카페로 복잡한 국제거리에서 조용히 쉬어 가기 좋다. 직접 로스팅해 판매하는 원두도 있고 핸드드립 커피도 맛볼 수 있어 온통 커피향이 가득하다. 1, 2층 모두 좌석이 있는데 2층은 신발을 벗고 올라가야 한다. 2층은 개방하지 않을 때가 있으니 스태프에게 문의할 것.

홈페이지 www.tmcoffee.jp **맵코드** 33 157 372*81 **전화** 098-943-0914 **운영** 수~금 10:00~18:00, 토~월 08:00~20:00 **휴무** 화 **주차장** 없음 **가는 방법** 유이레일 미에바시역美栄橋駅에서 도보 10분.

비스트로 하우디

Bistro HOWDY

국제거리 안쪽 골목에 있는 세련된 분위기의 카페 겸 레스토랑이다. 기념일 예약을 하면 직접 만든 케이크와 코스 요리도 맛볼 수 있어 오키나와에서 특별한 날을 기념하고 싶을 때 이용하면 좋다. 점심과 저녁 메뉴가 다르게 운영되는데, 저녁시간에는 오키나와산 재료를 이용해 셰프가 요리한 음식을 맛볼 수 있는 식사 메뉴들이 마련된다.

인스타그램 bistrohowdy0410 **맵코드** 33 157 371*78 **전화** 098-975-5888 **운영** 11:30~17:00, 18:00~01:00 **휴무** 연중무휴 **주차장** 없음 **가는 방법** 유이레일 미에바시역美栄橋駅에서 도보 10분.

벤리야

おかずの店 べんり屋 玉玲瓏

로컬 분위기의 술집과 식당들이 모인 사카에마치 시장 안에 있는 만둣집이다. 이 시장 안에서 가장 유명하다고 해도 과언이 아닐 만큼 늘 사람이 붐빈다. 주문 즉시 조리해 나오는 만두는 김이 모락모락~ 탱탱한 만두가 터지면서 새어나오는 육즙의 풍미는 정말 최고다! 샤오롱바오는 물론 군만두 역시 육즙이 가득해 무턱대고 입에 넣었다간 입천장이 홀랑 까질 수 있으니 수저 위에 올려두고 만두를 터트려 육즙을 먼저 맛본 후 입에 넣길 추천한다. 함께 나오는 생강을 간장에 적셔 함께 먹으면 풍미는 배가되고 느끼함은 잡아준다.

맵코드 33 158 536*15 **전화** 098-887-7754 **운영** 11:30~15:00, 17:00~22:30 **휴무** 일 **주차장** 없음 **가는 방법** 유이레일 아사토역安里駅에서 도보 3분.

TIP

주방을 제외하고는 실내 공간이 없어 야외 테이블에서 먹거나 포장하는 방법뿐이다. 점심시간보다 저녁시간을 추천! 더위도 좀 피하고 빈티지한 사카에마치 시장 골목의 분위기를 즐길 수 있다.

스마누메

すーまぬめぇ

나하 시내 주택가에 있는 오키나와 소바 식당이다. 약 60년 전통을 자랑하는 곳으로 오래된 민가를 개조해 운영하고 있다. 마당의 테라스석에 앉으면 시골 외할머니댁의 아기자기한 정원에 앉아 있는 것 같다. 삼겹살과 족발, 갈비가 함께 나오는 스마누메 스페셜 소바가 가장 인기가 있다. 주차장은 식당과 약간 떨어진 골목에 마련되어 있다. 구글에서 'Sumanumeh Parking Lot'으로 검색하면 된다.

맵코드 33 099 076*75 **전화** 098-834-7428 **운영** 11:00~16:00 **휴무** 연중무휴 **주차장** 있음(무료) **가는 방법** 시키나엔에서 차로 10분, 국제거리에서 차로 13분.

수이둔치

首里殿内

둔치 殿内는 류큐 시대의 권위 있는 집안의 존칭으로 고풍스러운 전통 가옥 '고민가 古民家'에서 류큐 음식을 맛볼 수 있는 곳이다. 슈리 킨조초 돌다다미길의 끝자락에 있다. 오키나와 대표 음식인 오키나와 소바와 고야 찬푸르, 수이둔치에서 직접 운영하는 오모로 목장에서 키운 아구アグー(오키나와 재래 흑돼지)를 이용한 샤부샤부, 돈가스, 스테이크 등을 판매한다. 정원과 함께 독립 별채도 마련되어 있어 맛있는 음식과 더불어 느긋한 시간을 보내기에 최적이다. 자리에서 태블릿을 이용해 주문하고 식사를 마치면 카운터에서 결제하면 된다. 식사를 하면 음료는 할인해준다.

홈페이지 http://omorokikaku.com/sui **맵코드** 33 160 238*28 **전화** 098-885-6161 **운영** 11:00~15:00, 17:00~24:00 **휴무** 연중무휴 **주차장** 있음(무료) **가는 방법** 킨조초 돌다다미길에서 도보 1분.

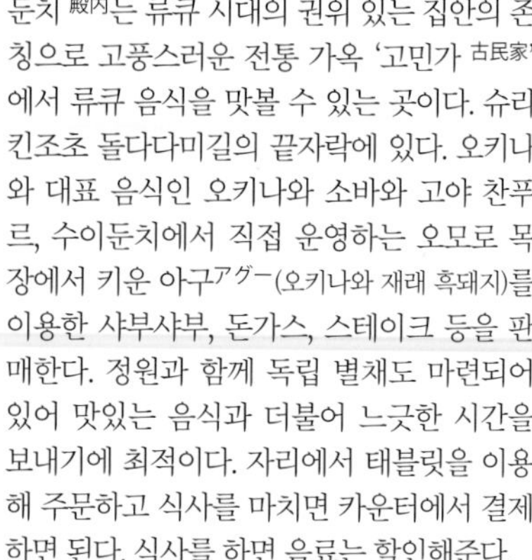

토마리 이유마치 수산시장

泊いゆまち

토마린항 근처에 있는 오키나와 최대의 해산물 직판장으로 우리나라의 노량진 수산시장을 생각하면 비슷하다. 진짜 오키나와산 회를 맛보고 싶다면 추천! 우리나라의 고급 일식당에서 볼 수 있는 참치 등을 저렴한 가격에 맛볼 수 있다. 살아 있는 생선은 물론 부위별로 잘라서 손질해놓은 생참치, 초밥, 회덮밥 도시락 등을 구입할 수 있다. 매일 아침 생선 경매가 이루어지지만 일반인은 입장할 수 없다.

홈페이지 http://www.tomariiyumachi.com **맵코드** 33 216 115*47 **전화** 098-868-1096 **운영** 07:00~17:00 **휴무** 연중무휴 **주차장** 있음(무료) **가는 방법** 유이레일 미에바시역美栄橋駅에서 차로 10분.

2002년 북부 해양박 공원의 추라우미 수족관이 오픈하기 전까지 오키나와에서 사람들이 가장 많이 찾는 관광지였지만 지금은 우선순위에서 살짝 밀려 있는 지역이다. 하지만 그 덕분에 유유자적한 남국의 바다를 즐기는 여행이 가능한지도! 렌터카를 이용해 해안을 따라 달리고 에메랄드빛 바다가 보이는 카페나 레스토랑에서 브런치를 즐겨 보자. 유네스코 세계문화유산인 세화우타키와 미바루 비치에서 즐기는 해양 스포츠, 오키나와월드도 놓치기 아까운 여행지다.

Southern Okinawa

남부 오키나와

沖縄南部

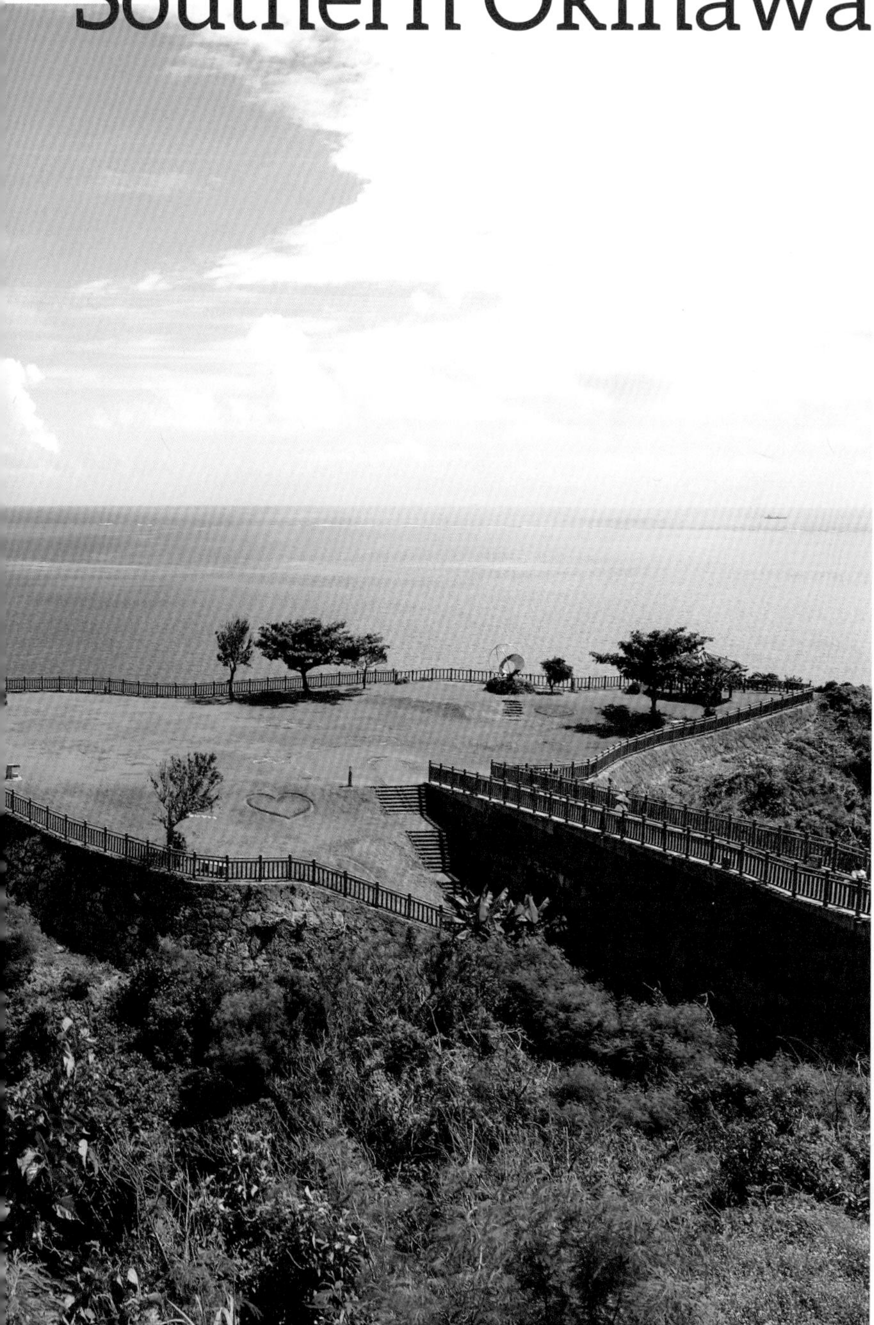

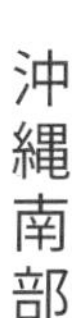

남부 오키나와 추천 코스

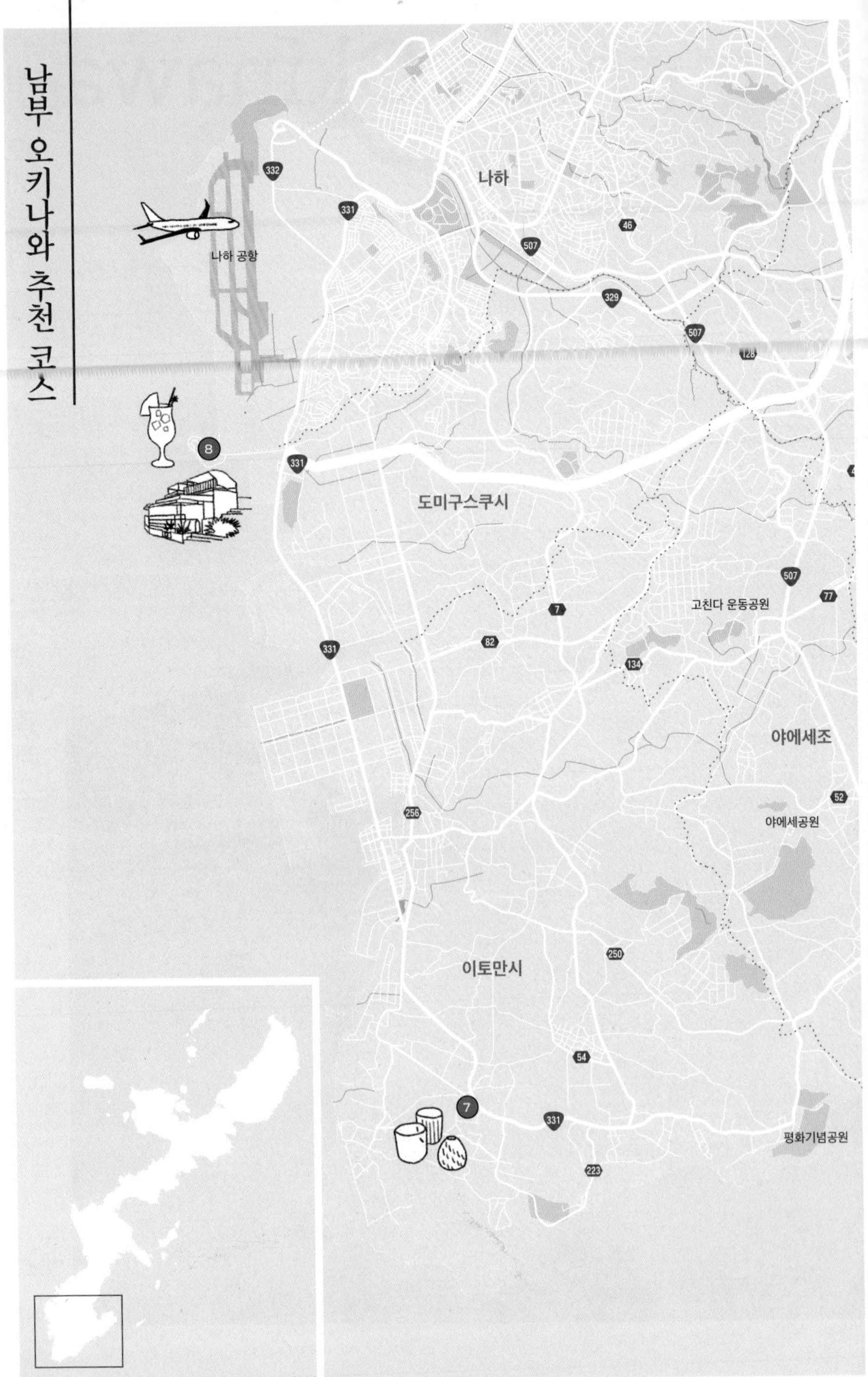
나하
나하 공항
332
331
507
46
329
128
8
도미구스쿠시
7
82
134
507
77
고친다 운동공원
야에세조
52
야에세공원
256
250
이토만시
54
7
331
223
평화기념공원

1일 추천 코스

1. 세화우타키 P.134
2. 치넨미사키 P.135
3. 미바루 비치(글라스보트) P.138
4. 오키나와월드 P.137

1박 2일 추천 코스

1일차

1. 세화우타키 P.134
2. 치넨미사키 P.135
3. 니라이카나이 다리 전망대 P.136
4. 미바루 비치(글라스보트) P.138
5. 오우섬 P.141

2일차

6. 오키나와월드 P.137
7. 류큐 유리 마을 P.139
8. 우미카지 테라스 P.142

BEST SPOT

남부에서 보고 먹고 즐기기

세화우타키

斎場御嶽

오키나와에서 가장 오래된 성지로 2000년에 유네스코 세계문화유산으로 지정되었다. 오키나와의 7개의 우타키 御嶽 중 가장 성스러운 곳으로 역대 류큐 왕국의 왕들이 이곳을 찾아 신의 섬인 쿠다카지마 久高島를 향해 제를 올렸다고 전해진다. 세화우타키에 있는 6곳의 참배 장소 중 가장 안쪽에 있는 삼각형 모양의 '산구이 三庫理'는 거대한 암석 2개가 맞닿아 생긴 틈이 삼각형 모양으로 보이는 곳. 이곳을 통과하면 숲 너머로 멀리 쿠다카지마가 보이는 제단이 있지만 지금은 들어가 볼 수 없다. 명성에 비해 규모는 작은 편이고 동선도 길지 않아 1시간 정도면 둘러볼 수 있지만 주차장에서 왕복하는 시간을 고려해 여유 있게 생각하자. 곳곳의 깎아지른 언덕 위의 나무들이 흙 밖으로 뿌리를 그대로 노출시킨 모습이 인상적이지만 숲길이 미끄러우니 편한 신발을 챙겨 신는 게 좋다. 관람은 해설사 프로그램에 참여하거나 개인별로 루트를 따라 걷거나 두 가지 중 하나를 선택하면 된다. 자유 여행자라 해도 시청각실에 들어가 세화우타키의 역사와 개념, 주의할 점 등을 시청해야만 입장이 가능하다.

류큐 신앙에서는 신이 머무른 장소를 '우타키'라고 해요.

홈페이지 https://okinawa-nanjo.jp/sefa **맵코드** 33 024 310*63 **전화** 098-949-1899 **운영** 3~10월 09:00~18:00(입장 마감 17:30, 티켓 판매 마감 17:15), 11~2월 ~17:30(입장 마감 17:00, 티켓 판매 마감 16:45) **휴무** 2024년 11/1~3, 2025년 5/27~29, 11/20~22 **요금** 성인(16세 이상) 300엔, 7~15세 150엔 **주차장** 있음(무료) **가는 방법** 나하 공항에서 차로 50분.

TIP

세화우타키 입구 대각선 맞은편으로 주차장이자 매표소가 있다. 이곳에 주차를 하고 티켓을 구입해 10여 분쯤 마을을 걸어 들어가야 한다.

치넨미사키 공원

知念岬公園 치넨미사키코엔

시원스레 펼쳐진 에메랄드빛 태평양을 볼 수 있는 전망 시설과 산책로가 있는 공원이다. 세화우타키와 아자마산산 비치 사이에 있다. 신의 섬으로 불리는 쿠다카지마와 무인도 코마카섬이 한눈에 보인다. 근사한 풍경에 비해 비교적 사람이 적은 편으로 한가하고 조용해 휴식을 취하거나 힐링하기에 이보다 좋을 수 없다. 아침 일출 명소로도 유명하다.

홈페이지 www.kankou-nanjo.okinawa/bunka/184 **맵코드** 232 594 503*30 **전화** 098-948-4660 **휴무** 연중무휴 **주차장** 있음(무료) **가는 방법** 나하 공항에서 차로 40분, 오키나와월드에서 차로 20분, 세화우타키에서 차로 3분.

아자마산산 비치

Azama Sun Sun Beach
あざまサンサンビーチ

쿠다카섬을 바라보기 좋은 곳에 조성된 인공 해변으로 2000년에 문을 열었다. 백사장에 잡석이 거의 없어 비치발리볼 같은 운동을 즐기기 좋다. 비치하우스에서는 스노클링 등의 해양 스포츠용품과 비치파라솔, 바비큐 도구 등을 대여하고 바비큐 식재료도 판매한다. 비치 이용은 무료지만 주차비가 있다. 수영은 4~10월 10:00~18:00에만 가능하다.

홈페이지 www.azama-beach.com **맵코드** 330 247 72 *72 **전화** 098-948-3521 **운영** 10:00~18:00(10~3월 17:00) **휴무** 연중무휴 **주차장** 일 500엔 **가는 방법** 세화우타키에서 차로 5분, 나하 시내에서 차로 50분, 나하 시외버스 터미널에서 38번 타고 아자마산산 비치 하차.

니라이카나이 다리

ニライカナイ橋 니라이카나이바시

오키나와 남부의 드라이브 코스로 손에 꼽히는 곳이다. '니라이카나이'란 바다 멀리 어딘가에 있는 파라다이스를 의미한다. 현도 86호에서 국도 331호로 향하는 전체 길이 660m의 U자형 교각으로 니라이 다리와 카나이 다리를 합쳐 니라이카나이 다리라 부른다. 전망대에서는 남부 지역의 아름다운 바다와 쿠다카섬이 보인다.

맵코드 232 592 531*14 **운영** 24시간 **요금** 무료 **주차장** 없음 **가는 방법** 슈리성에서 차로 40분, 세화우타키에서 차로 7분.

TIP

작은 터널이 보일 때쯤 오른쪽이나 왼쪽의 빈 공간에 주차를 하고 조금 걸어 들어가 전망을 보면 된다. 다리 위는 왕복 2차선의 좁은 길이기 때문에 중간에 주차는 불가능하다.

오키나와월드
おきなわワールド

류큐 문화를 체험할 수 있는 오키나와 최대의 테마파크로 오키나와의 자연, 문화, 역사와 전통문화도 체험할 수 있다. 류큐 왕국 시대의 전통 민가를 옮겨 놓은 오오코쿠무라 王国村를 중심으로 종유석을 볼 수 있는 교쿠센도 玉泉洞 동굴, 다양한 뱀을 보고 사진도 찍을 수 있는 하부 박물공원 ハブ博物公園, 열대 과일원 熱帯フルーツ園 등 볼거리가 많다. 특히 약 30만 년 전부터 형성된 전체 길이 5km에 이르는 석회 동굴인 교쿠센도가 인기다. 그 밖에 류큐 유리공방 체험과 오키나와 전통 염색기법인 빈가타 びんがた 체험 등 다양한 공예, 문화 체험 코스가 있다. 류큐 전통 춤인 '에이사 エイサー'와 사자춤은 1일 4회 공연한다. 에이사 공연의 춤꾼들은 '핫!' '하!' 하는 신명나는 추임새와 함께 어깨에 커다란 북을 짊어지고 흥을 돋운다.

홈페이지 www.gyokusendo.co.jp/okinawaworld **맵코드** 232 495 333*86 **전화** 098-949-7421 **운영** 09:00~17:30(매표 마감 16:00) **휴무** 연중무휴 **요금** 성인(15세 이상) 2,000엔, 4~14세 1,000엔 **주차장** 있음(무료) **가는 방법** 나하 시내에서 차로 40분, 미바루 비치에서 차로 11분.

하부ハブ는 오키나와에 서식하는 독사예요!

미바루 비치

みーばるビーチ

오키나와 남부를 대표하는 해변이다. 여러 모양의 기암괴석을 비롯해 자연 그대로의 아름다운 경관을 볼 수 있고 길이 2km에 이르는 넓은 해안에서는 해수욕과 해양 스포츠를 즐길 수 있다. 마린센터 앞에서는 해저가 보이는 글라스 보트를 운항하는데, 계절에 상관없이 이용이 가능하다. 5~9월 성수기에는 주차 요금을 받는다.

홈페이지 www.mi-baru.com **맵코드** 232 469 507*51 **전화** 098-948-1103 **운영** 09:00~16:00 **휴무** 연중무휴(기상에 따라 운항 여부가 다름) **주차장** 일 500엔 **가는 방법** 오키나와월드에서 차로 11분, 나하 시내에서 차로 40분.

TIP

글라스보트를 이용하면 주차비를 면제해준다. 글라스보트 성인 1,800엔.

평화기념공원

平和祈念公園 헤이와기넨코엔

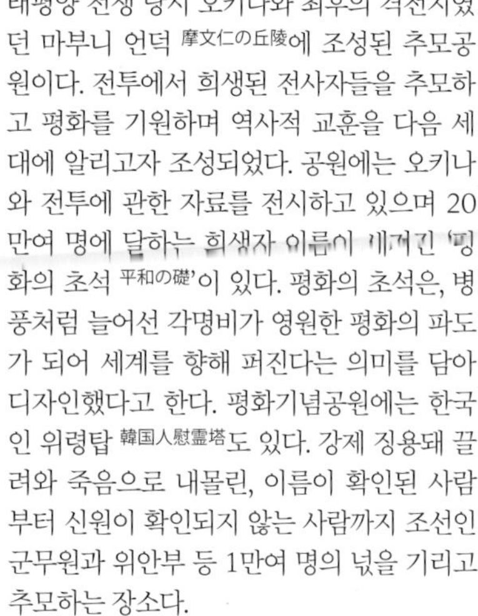

태평양 전쟁 당시 오키나와 최후의 격전지였던 마부니 언덕 摩文仁の丘陵에 조성된 추모공원이다. 전투에서 희생된 전사자들을 추모하고 평화를 기원하며 역사적 교훈을 다음 세대에 알리고자 조성되었다. 공원에는 오키나와 전투에 관한 자료를 전시하고 있으며 20만여 명에 달하는 희생자 이름이 새겨진 '평화의 초석 平和の礎'이 있다. 평화의 초석은, 병풍처럼 늘어선 각명비가 영원한 평화의 파도가 되어 세계를 향해 퍼진다는 의미를 담아 디자인했다고 한다. 평화기념공원에는 한국인 위령탑 韓国人慰霊塔도 있다. 강제 징용돼 끌려와 죽음으로 내몰린, 이름이 확인된 사람부터 신원이 확인되지 않는 사람까지 조선인 군무원과 위안부 등 1만여 명의 넋을 기리고 추모하는 장소다.

홈페이지 https://heiwa-irei-okinawa.jp **맵코드** 232 311 776 * 70 **전화** 098-997-2765 **운영** 24시간 **휴무**: 연중무휴 **요금** 무료 **주차장** 있음(무료) **가는 방법** 히메유리 탑에서 차로 6분, 오키나와월드에서 차로 12분.

TIP

평화기념 자료관은 한국어 오디오 가이드를 이용해 해설을 들어볼 수 있다. 야외는 산책하기는 좋으나 넓고도 넓고 그늘이 없는 편이라 햇빛을 피할 수 있는 양산 등을 준비하면 좋다. 한낮의 방문은 추천하지 않는다.

히메유리의 탑

ひめゆりの塔 히메유리노토오

오키나와 전투 당시 간호병으로 동원되었다가 사망한 여고생과 교사들을 기리는 위령비다. 일명 '히메유리 학도대 ひめゆり學徒隊'에 동원된 오키나와 사범학교 여자부와 오키나와 현립 제일고등 여학교의 교사와 학생은 240명으로, 전세가 기울면서 동굴에 숨어 있던 이들에게 갑작스러운 해산 명령이 내려졌고, 미군의 공격, 집단 자살 등으로 총 136명이 사망한다. 자국민 강제 동원은 물론 투항이 허락되지 않아 죽음으로 내몰린 점 등이 여전히 논란거리로 남아 있다.

최초의 히메유리 탑은 1946년 4월에 가장 많은 사망자가 발생한 동굴 앞에 세워졌다. 이후 히메유리 동창회가 재조직되고 1957년 6월에 지금의 히메유리 탑이 건립되었다. 또한 전쟁의 참상을 알리기 위한 평화기념자료관 ひめゆり平和祈念資料館도 건립됐다. 실물 크기로 재현한 방공호와 간호 부대원들의 최후 모습도 전시하고 있어 당시 상황을 생생하게 느낄 수 있다. 평화기념공원에서 류큐 유리 마을로 가는 길목에 있다.

홈페이지 www.himeyuri.or.jp **맵코드** 232 338 063 *55 **전화** 098-997-2100 **운영** 탑 24시간, 자료관 09:00~17:25(17:00까지 입장) **휴무** 연중무휴 **요금** 탑 무료, 자료관 450엔 **주차장** 무료 **가는 방법** 류큐 유리 마을에서 차로 3분, 오키나와월드에서 차로 18분.

류큐 유리 마을

琉球ガラス村 류큐가라스무라

1985년에 건립된 오키나와에서 가장 큰 유리공방이다. 오키나와 전투 전후 미군부대에서 나온 코카콜라, 주스, 유리병 등을 녹여 생활용품을 만들기 시작하면서 류큐 유리의 역사가 시작되었다. 류큐 유리로 화려하게 외관을 장식한 전시관에는 명인이 제작한 작품들을 전시하고 있고 체험공방, 숍, 갤러리 등도 있다. 1,300℃에서 작업하는 유리공방 견학이 가능하고 접시, 컵, 액세서리 등 다양한 유리공예 제작 체험은 예약제로 운영된다.

홈페이지 www.ryukyu-glass.co.jp **맵코드** 232 336 224 * 71 **전화** 098-997-4784 **운영** 09:30~17:30 **휴무** 연중무휴 **요금** 무료 **주차장** 있음(무료) **가는 방법** 오키나와월드에서 차로 20분, 나하 공항에서 차로 30분.

체험에 필요한 시간은 20분 정도예요.

토요사키 해변공원

豊崎海浜公園 토요사키카이힌코엔

바다를 끼고 있는 공원으로 나하 시내에서 가까워 훌쩍 바다를 보러 오기 좋은 곳이다. 공원 자체로는 특별한 볼거리가 있는 건 아니지만 여행 마지막 날 일몰을 보러 오거나 렌터카 반납 전 아쉬운 마음을 달래러 들르는 여행객들이 많은 편. 약 100여 개의 점포로 구성된 대형 쇼핑몰 '이아스 오키나와 토요사키 イーアス沖縄豊崎'가 근처에 있어서 쇼핑을 겸하기에도 좋다. 이아스 3층의 스타벅스나 꼭대기 층의 다이노소어 바비큐 앤 파크에서 공원을 낀 바다 전망을 바라보며 시간을 보내도 좋고 'DMM 카리유시 수족관 DMM かりゆし水族館'을 들러 봐도 좋다.

맵코드 232 543 823*17 **전화** 098-850-1139 **운영** 24시간 **휴무** 연중무휴 **주차장** 있음(무료) **가는 방법** 우미카지 테라스에서 차로 8분. 유이레일 아카미네역 赤嶺駅에서 차로 14분.

TIP

DMM 카리유시 수족관

추라우미 수족관에 들르지 못했다면 DMM 카리유시 수족관을 들러 보는 것도 방법이다. 실내 수족관이기 때문에 날씨나 기상 등에 영향을 받지 않아 거의 정상 영업을 하는 편이다. 다만 규모가 그리 크지 않으므로 큰 기대는 하지 말자.

홈페이지 https://kariyushi-aquarium.com
맵코드 232 543 400*25
운영 10:00~20:00(입장 마감 19:00)
요금 성인 1,700엔

오우섬

奥武島 오우지마

해안선을 따라 둘레가 불과 1.6km밖에 안 되는 작은 섬으로 오키나와의 소소한 어촌 풍경을 볼 수 있다. 오우지마 대교로 본섬과 연결되어 있어 자동차로 갈 수 있고, 걸어도 1시간이 채 안 걸려 섬 전체를 다 둘러볼 수 있다. '오키나와의 고양이 섬'으로 불리는 만큼 곳곳에서 고양이도 만날 수 있고 덴푸라 てんぷら(튀김)가 유명하다. 덴푸라 가게가 영업을 하는 낮시간이 되면 섬 전체가 주차장을 방불케 할 만큼 붐빈다. 튀김옷이 두껍고 부드러운 편, 바삭한 튀김은 아니다. 튀김에 넣는 재료는 이 섬에서 잡히는 오징어, 생선 같은 해산물이나 고야, 자색 고구마 같은 농산물을 사용한다.

맵코드 232 467 027*43 **가는 방법** 나하 공항에서 차로 40분, 오키나와월드에서 차로 10분.

오시로 덴푸라

大城てんぷら店

오우섬에서 여러 가지 튀김을 맛볼 수 있는 식당으로 테이크아웃만 가능하다. 주문을 하면 바로 반죽을 해서 튀겨주기 때문에 늘 대기시간이 있다. 앉아서 먹을 수 있는 곳은 없지만 길가 벤치, 방파제에 자리를 잡고 앉아 먹는 사람들로 가게 앞은 늘 붐비는 편, 특별한 맛은 아니고 갓 튀긴 튀김은 맛없기 힘들다.

맵코드 232 437 863*62 **전화** 098-963-9618 **운영** 11:00~17:45 **휴무** 일, 월, 화 **주차장** 있음(무료) **가는 방법** 나하 공항에서 차로 40분, 오키나와월드에서 차로 10분.

세나가섬

瀬長島 세나가지마

나하 공항 근처에 위치한 작은 섬으로 본섬과는 다리로 연결되며 자동차로 10분이면 둘러볼 수 있다. 나하 공항으로 이착륙하는 비행기가 세나가섬 위로 지나기 때문에 5~6분 간격으로 비행기가 이착륙하는 모습을 가까이 볼 수 있다. 바다를 바라보며 온천을 즐길 수 있는 호텔을 비롯해 일몰도 감상할 수 있어 오키나와 최고의 데이트 장소로 꼽힌다.

우미카지 테라스

ウミカジテラス

세나가섬 류큐 온천 세나가지마 호텔 琉球温泉 瀬長島ホテル 아래 계단식으로 펼쳐진 테라스로 레스토랑, 카페, 공예품점, 옷가게 등이 즐비하다. '오키나와의 산토리니'라 불리는 곳으로 예쁜 사진을 찍고 가볍게 산책을 하기에 좋아 오키나와 현지인들의 데이트 장소로도 인기가 있다. 계단식으로 자리한 레스토랑과 카페에서 사방이 바다로 둘러싸인 전망과 비행기가 뜨고 내리는 활주로를 볼 수 있다.

홈페이지 www.umikajiterrace.com **맵코드** 33 002 632*07 **전화** 098-851-7446 **운영** 10:00~01:00 (매장마다 상이) **휴무** 연중무휴 **주차장** 있음(무료) **가는 방법** 나하 공항에서 차로 15분.

대부분의 가게는 11:00가 넘어야 문을 열어요. 오후 방문을 추천합니다.

가볼 만한 식당, 카페 리스트

1. 瀬長島47STORE
전화 098-996-4348 운영 10:00~21:00

2. Poke Boo
전화 050-8890-5578 운영 11:00~21:00
(라스트오더 20:30)

4. 氾濫バーガー チムフガス
전화 098-851-8782 운영 11:00~21:00
(라스트 오더 20:30)

7. 沖縄ジェラート yukuRu Gelato
전화 098-996-1577 운영 11:00~21:00
(라스트 오더 20:30)

23. by♥the♥shrimp
전화 098-987-1995 운영 11:00~21:00

25B. GYPSY Cafe & Bar
운영 10:00~21:00(라스트 오더 20:30)

32. 시아와세노 팬케이크 幸せのパンケーキ
전화 098-851-0009 운영 11:00~21:00

34. YONAR'S GARDEN
전화 098-996-5232 운영 11:00~21:00

39. MARCY'S OKINAWA
전화 070-8995-5935 운영 11:00~21:00

바다의 이스키야

Sea of Isukiya 海のイスキア 우미노이스키아

아내와 사별하고 상실감에 빠져 힘든 나날을 보내던 주인장이 가족을 잃고 고통 받는 사람들과 함께 지내며 서로를 위로하기 위해 만든 '바다의 이스키야' 모임이 이 카페의 시작이다. 지금도 건물 일부는 연수원, 방 하나와 마당은 카페 및 커뮤니케이션 공간으로 사용되고 있다. 외관은 평범한 집이지만 태평양을 품은 너른 마당에서 바라보는 경치는 입이 떡 벌어진다. 마당에 놓인 테이블에 앉아 달콤한 케이크와 커피를 마시는 순간 오키나와의 더위에 지친 몸과 마음은 싹 치유된다.

맵코드 33 024 013*25 **전화** 098-948-3966 **운영** 10:00~16:30 **휴무** 일, 월 **주차장** 있음(무료) **가는 방법** 세화우타키에서 도보 1분, 치넨미사키 공원에서 차로 3분.

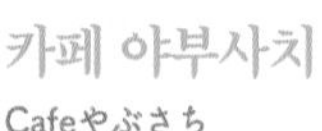

TIP

세화우타키로 가는 길목에 있어 렌터카로 찾아갈 경우 골목 초입에서 통제될 수 있다. '우미노이스키야'에 간다고 말하면 출입이 가능하다. 단, 세화우타키도 관광할 생각이라면 세화우타키 주차장에 차를 두고 걸어가길 추천한다. 세화우타키 입장권을 구입하려면 어차피 주차장으로 가야 한다.

카페 야부사치

Cafeやぶさち

유럽 스타일의 인테리어에 바다 방향이 전면 유리로 되어 있는 전망 좋은 이탈리안 레스토랑이다. 하쿠나 비치 百名ビーチ가 보이는 테라스석이 인기 있다. 성수기에는 대기 명단에 이름을 기입하고 기다려야 한다. 1층에서는 오키나와 소바를 맛볼 수 있다.

홈페이지 https://yabusachi.com **맵코드** 232 500 470*44 **전화** 098-949-1410 **운영** 11:00~18:00 **휴무** 수 **주차장** 있음(무료) **가는 방법** 세화우타키에서 차로 10분, 오키나와월드에서 차로 10분.

하마베노차야

浜辺の茶屋

오키나와 남부에서 둘째가라면 서러울 대표적인 카페다. 밀물 때에는 바닷물이 카페 앞 백사장 2~3m까지 들어올 정도로 조수간만의 차에 따라 다양한 풍경을 보여준다. 바다가 코앞에 보이는 테라스석에 앉으면 커다란 창문 너머로 펼쳐진 그림 같은 푸른 바다를 보며 커피, 트로피컬 음료, 브런치를 맛볼 수 있다. 주말은 늘 대기가 있는 편으로 자리가 나기를 기다려야 하지만 카페 앞에 작은 해변이 있어 기다리는 동안 산책을 즐길 수 있다. 밀물 때가 아니면 백사장에 설치된 비치 파라솔 세트에 앉아 시간을 보낼 수 있다.

홈페이지 https://sachibaru.jp/hamacha **맵코드** 232 469 491*78 **전화** 098-948-2073 **운영** 월~목 10:00~17:00, 금~일 08:00~17:00 **휴무** 연중무휴 **주차장** 있음(무료) **가는 방법** 미바루 비치에서 차로 3분, 오키나와월드에서 차로 12분.

야마노차야 라쿠스이

山の茶屋楽水

오키나와에서 나오는 유기농 식재료로 가정식을 판매하는 식당이다. 숲속에 위치해 마치 정글에서 식사를 하는 듯한 기분이 들면서 동시에 창밖으로 파란 바다가 보여 매우 이채로운 분위기를 느낄 수 있다. 런치 타임만 한정 판매하는 정식이 인기 메뉴. 규모가 크지 않지만 식사 후 가볍게 걸어볼 수 있는 산책로와 전망대도 있다. 하마베노차야의 자매 식당이다.

맵코드 232 469 608*44 **전화** 098-948-1227 **운영** 11:00~15:00 **휴무** 수, 목 **주차장** 있음(무료) **가는 방법** 하마베노차야에서 170m(차로 1분, 걸어서 2분).

오-루-

OOLOO（オールー）

OOLOO는 오키나와 말로 '파란'이라는 뜻으로 탁 트인 오션 뷰를 마주할 수 있는 카페. 높은 지대에 위치하고 있어 나카구스쿠만 中城湾의 에메랄드빛 바다가 한눈에 들어온다. 실내 창가에서도 충분히 풍경을 만끽할 수 있지만 더욱 가까이 바다를 느끼고 싶다면 테라스석을 추천! 예약을 해두는 것도 방법이다. 지역에서 생산되는 농산물을 이용해 만드는 식사 메뉴는 런치 타임에만 주문이 가능하다.

인스타그램 tenku_terrace_ooloo **맵코드** 232 590 008*26 **전화** 098-943-9058 **운영** 런치 11:00~15:00, 카페 15:00~18:00 **휴무** 연중무휴 **주차장** 있음(무료) **가는 방법** 세화우타키, 치넨미사키, 미바루 비치에서 차로 10분.

오키나와 소바 신

沖縄そば 真

미바루 비치에서 5분 거리에 있는 오키나와 소바 전문점이다. 가정집을 개조해 식당으로 운영하고 있는데, 넓은 창밖으로 에메랄드빛 바다가 한눈에 들어온다. 테이블이 많지 않아 점심시간에는 대기가 있을 수 있다. 메뉴는 두 가지뿐이고 대, 중, 소 사이즈 중 선택하면 된다.

홈페이지 www.facebook.com/okinawasoba.shin **맵코드** 232 500 889*36 **전화** 098-949-7547 **운영** 11:30~15:00 **휴무** 월, 화 **주차장** 있음(무료) **가는 방법** 미바루 비치에서 차로 5분, 치넨미사키에서 차로 10분.

야기야

屋宜家(やぎや)

한적한 동네 골목길 안쪽에 평화롭고 조용한 분위기의 고택이 있다. 일본 유형문화재로 등재되기도 한 고택에서 오키나와 소바를 맛볼 수 있다. 귀신이 들어오지 못하도록 대문 안쪽에 세운다는 병풍 뒤로 아담한 마당을 끼고 본채와 별채가 자리하고 있다. 대기 리스트에 이름과 인원수를 적어두면 자리를 안내해준다. 점심 영업만 하기 때문에 늘 대기가 있는 편이지만 회전이 빨라 기다려볼 만하다.

홈페이지 http://www.ne.jp/asahi/to/yagiya **맵코드** 232 433 710*28 **전화** 098-998-2774 **운영** 11:00~16:00(라스트 오더 15:45) **휴무** 화 **주차장** 무료 **가는 방법** 오키나와월드에서 차로 5분.

난부 소바

南部そば

이토만에 위치한 오키나와 소바 전문점으로 공항, 나하 시내에서도 가까워 접근성이 좋다. 자가 제면으로 다른 식당에 비해 면이 쫄깃한 편이고 사이즈를 선택해 주문할 수 있다. 두부의 고소함과 고기의 담백함이 잘 어우러진 소바를 맛볼 수 있다. 오픈 시간부터 항상 대기가 있는 편이지만 회전이 빨라 기다려볼 만하다.

홈페이지 www.nanbusoba.com **맵코드** 232 395 820*68 **전화** 098-992-7711 **운영** 11:00~15:30 **휴무** 일 **주차장** 있음(무료) **가는 방법** 나하 공항에서 차로 25분, 오키나와월드에서 차로 20분.

미국인지 일본인지 헷갈릴 만큼 영어 간판이 더 많고 먹거리도 미국식이 더 많은 지역이다. 미국의 어느 쇼핑센터에 온 듯한 느낌의 아메리칸 빌리지엔 관광객들이 늘 넘쳐나고 미군이 거주하던 주택단지는 트렌디한 숍과 카페들이 자리한다. 어쩌면 오키나와의 역사를 더욱 잘 담고 있는 지역일지도! 요즘 뜨고 있는 미나토가와 스테이트사이드 타운, 대형 쇼핑타운인 아메리칸 빌리지만으로도 충분한 여행이 되기 때문에 중부를 중심으로 여행을 계획하는 사람들도 많다.

Central Okinawa

중부 오키나와

沖縄中部

중부 오키나와 추천 코스

요미탄손
가데나조
오키나와시
자탄조
AMERICAN VILLAGE
기타나카구스쿠손
기노완시
우라소에시
후루지마
니시하라조

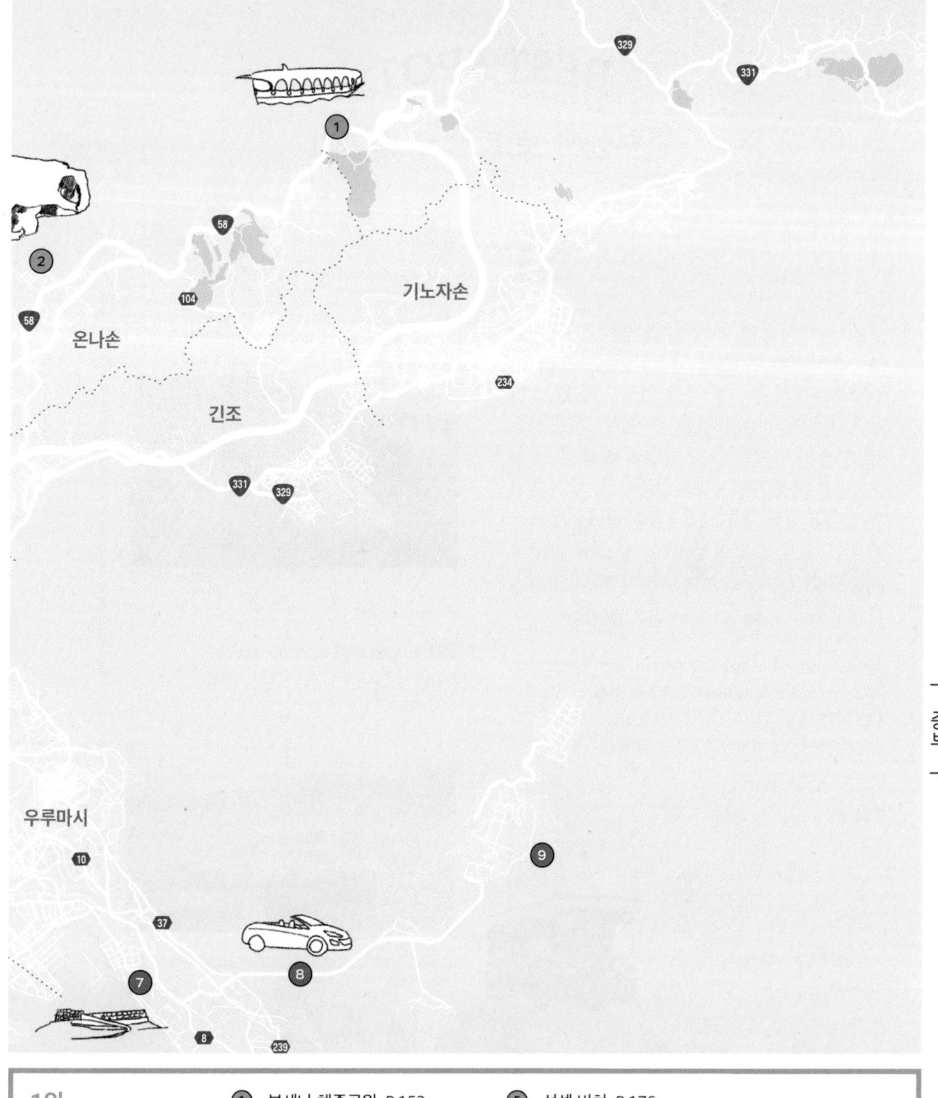

1일 추천 코스

① 부세나 해중공원 P.152
② 만좌모 P.153
③ 류큐무라 P.156
④ 요미탄 도자기 마을 P.159
⑤ 선셋 비치 P.176
⑥ 아메리칸 빌리지 P.170

1박 2일 추천 코스

1일차

❶ 류큐무라 P.156
❷ 자키미 성터 P.160
❸ 비오스 힐 P.155
❹ 잔파곶 P.157
❺ 아메리칸 빌리지 P.170

2일차

❻ 미나토가와 P.168
❼ 가쓰렌 성터 P.162
❽ 해중도로 드라이브 P.165
❾ 카호 절벽 P.165

BEST SPOT

중부에서 보고 먹고 즐기기

부세나 해중공원

ブセナ海中公園 부세나카이추코엔

부세나곶에 있는 해양 공원으로 더 부세나 테라스의 숙소가 있고 비치와 해중전망탑이 있다. 24개의 창문을 통해 바닷속에 있는 산호초와 열대어를 관찰할 수 있는 '해중전망탑'과 유리 바닥을 통해 바닷속을 볼 수 있는 '부세나 해중공원 글라스보트'를 체험하기 위해 방문하는 관광객이 많다. 글라스보트는 파도가 높으면 운영하지 않는 날이 많지만 해중전망탑은 날씨에 구애받지 않고 바닷속 풍경을 눈에 담을 수 있어 인기가 있다.

홈페이지 www.busena-marinepark.com **맵코드** 206 442 132*75 **전화** 098-052-3379 **주차장** 있음(무료) **가는 방법** 나하 공항에서 약 1시간 30분, 나하 버스터미널에서 20번 버스로 부세나 리조트 앞 하차.

TIP

티켓을 구입하는 비치하우스에서 해중전망탑까지는 걸어서 20분 정도 소요된다. 무료 셔틀버스를 이용하면 편리하다.
09:00~17:25(20분 간격 운행)

TIP

부세나 해중전망탑

운영 09:00~18:00(입장 마감 17:30)
요금 1,050엔 글라스보트 통합 이용권 2,100엔

부세나 글라스보트

운영 4~10월 09:10~17:30, 11~3월 09:10~17:00(매시 10분, 30분, 50분)
요금 1,560엔

홈페이지에서 해중전망탑과 글라스보트 운영 현황을 확인할 수 있으니 이동 전 확인하자.

만좌모

万座毛 만자모

류큐 13대 왕인 쇼케이 尚敬王가 '만 명이 앉을 수 있는 풀밭'이라 칭한 '만좌모'는 기암절벽 위로 너른 들판이 펼쳐져 있어 해안 절벽을 산책하며 웅장한 경관을 담을 수 있는 곳이다. 특히 석회암석 단면이 침식 작용에 깎여나가 마치 코끼리의 옆얼굴처럼 보이는 기암절벽이 예술인데, 파도가 넘실댈 때면 절묘하게도 바다에 코를 담가 물을 마시고 있는 것 같은 모습이다. 푸른 초원을 따라 탐방로가 잘 닦여 있는데, 코끼리 바위를 보고 약 20m 높이의 류큐 석회암 해안 절벽 위를 산책하는 코스는 20분이면 넉넉하다. 융기산호초 산책로의 식물 군락은 오키나와 해안 국정공원에 속하고 천연기념물로 지정되어 있으므로 채취는 금물이다. 만좌모 오른쪽으로 멀리 보이는 백사장과 흰색 건물은 ANA 만자 비치 리조트다.

홈페이지 www.manzamo.jp **맵코드** 206 312 097*07 **전화** 098-966-8080 **운영** 08:00~19:00 **휴무** 연중무휴 **요금** 100엔 **주차장** 있음(무료) **가는 방법** 나하 공항에서 약 50분.

온나노에키 나카유쿠이 시장

おんなの駅 なかゆくい市場
온나노에키 나카유쿠이 이치바

중부 지역을 렌터카로 여행하는 관광객들에게는 사막의 오아시스 같은 휴게소다. 여행자들에게는 휴게소지만 채소와 해산물 등을 판매하는 매장이 있어 주말에는 오키나와 현지인들이 장을 보러 방문하기도 하고 가족 단위로 찾아와 식사와 쇼핑을 하기도 한다. 비싼 레스토랑을 고집하지 않는다면 현지인들과 섞여 오키나와 소바, 스시, 과일 등으로 점심을 해결할 수 있는 훌륭한 장소다.

홈페이지 https://onnanoeki.com **맵코드** 206 035 798*52 **전화** 098-964-1188 **운영** 10:00~19:00 **주차장** 있음(무료) **가는 방법** 나하 공항에서 약 50분.

비오스 힐

ビオスの丘 비오스노오카

'아열대의 숲에서 놀자, 배우자'를 모토로 한 테마파크로 '비오스 Bios'란 그리스어로 생명을 뜻한다. 오키나와 중부 지역의 습지를 아열대 자연환경으로 재현해 1년 내내 난이 피고 들새와 곤충, 담수어 등을 볼 수 있다. 배를 타고 습지 호수에서 아열대 식물을 감상할 수도 있고 드라마 세트장으로 만들었던 수상 무대에서는 류큐 전통 의상을 입은 무용수가 보여주는 춤과 노래를 감상할 수 있다. 물소가 끄는 수레를 타고 공원을 한 바퀴 돌아보는 체험도 가능하다. 그 밖에도 카누나 패들 보드 체험, 닥터피시 족욕, 간단한 가죽 세공 등도 체험할 수 있다. 공원 입구 한쪽에 있는 난초 연구소에는 이곳에서 개발되거나 세계 각지에서 수집된 난초들이 전시돼 있다.

홈페이지 www.bios-hill.co.jp **맵코드** 206 005 118*46 **전화** 0989-65-3400 **운영** 09:00~17:30 **휴무** 연중무휴 **요금** 성인 2,200엔 **주차장** 있음(무료) **가는 방법** ① 나하 공항에서 차로 약 1시간 15분. ② 나하 버스 터미널에서 고속버스 111번·117번 승차(약 50분) 후 이시카와 인터체인지 石川 IC 정류장 하차, 택시로 갈아타고 약 15분.

류큐무라

琉球村

옛 오키나와 열도에 있던 7채의 민가를 옮겨 보존하면서 오키나와 전통문화를 체험할 수 있게 한 민속촌이다. 옛날 방식 그대로 물소를 이용해 사탕수수에서 짜낸 즙으로 흑설탕을 만들고 오키나와 전통 튀김과자 사타안다기 サーターアンダギー를 먹으며 전통 예능 '에이사 エイサー'와 '사자무'를 감상할 수 있다. 에이사의 막바지에는 관객들이 모두 함께 어울리는 흥겨운 춤판이 벌어지는데, 마치 우리나라의 농악을 즐기는 모습 같기도 하다. 전통 의상을 빌려 입고 민속촌을 거니는 체험도 해볼 수 있다.

홈페이지 www.ryukyumura.co.jp **맵코드** 206 003 848 *35 **전화** 098-965-1234 **운영** 09:00~17:00 **휴무** 연중무휴 **요금 입장료** 성인 1,500엔 **주차장** 있음(무료) **가는 방법** 나하 공항에서 차로 약 50분, 요미탄 도자기 마을에서 차로 약 8분.

TIP

사타안다기는 오키나와어로 설탕(サーター)+기름(アンダ)+튀김(アギー)을 뜻한다. 이름만 들어도 어떤 맛일지 짐작이 간다.

에이사쇼는 1일 4회 공연 (10:00, 12:00, 14:00, 16:00)

잔파곶

殘波岬 잔파미사키

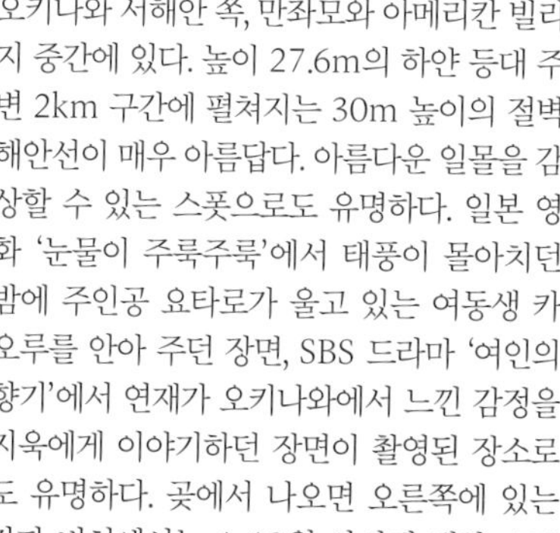

오키나와 서해안 쪽, 만좌모와 아메리칸 빌리지 중간에 있다. 높이 27.6m의 하얀 등대 주변 2km 구간에 펼쳐지는 30m 높이의 절벽 해안선이 매우 아름답다. 아름다운 일몰을 감상할 수 있는 스폿으로도 유명하다. 일본 영화 '눈물이 주룩주룩'에서 태풍이 몰아치던 밤에 주인공 요타로가 울고 있는 여동생 카오루를 안아 주던 장면, SBS 드라마 '여인의 향기'에서 연재가 오키나와에서 느낀 감정을 지욱에게 이야기하던 장면이 촬영된 장소로도 유명하다. 곶에서 나오면 오른쪽에 있는 잔파 비치에서는 4~10월 사이에 해양 스포츠를 즐길 수 있다.

맵코드 1005 685 379*65 **전화** 098-958-3041 **휴무** 연중무휴 **주차장** 있음(무료) **가는 방법** 나하 공항에서 차로 약 55분, , 요미탄 도자기 마을에서 차로 약 15분.

마에다곶

真栄田岬 마에다미사키

마에다곶이라는 이름보다 '푸른 동굴'로 더 알려져 있다. 지리적으로 만좌모와 잔파곶 사이에 위치해 있는데 스노클링과 스킨스쿠버 포인트로 유명하다. 오키나와에서 스노클링, 다이빙 체험을 예약했다면 80% 이상은 이곳을 뜻한다고 보면 된다. 여행사 프로그램으로 오는 관광객들이 많고 주요 포인트는 점령하다시피 하기 때문에 늘 사람들로 붐비는 편이다. 해안 절벽 아래로 이어지는 계단을 따라 내려가면 본격적으로 해양 스포츠를 즐길 수 있다. 샤워실, 탈의실 등이 마련되어 있어 여행사 없이 개별 방문해 즐길 수는 있지만 안전에 유의해야 한다. 날씨에 따라 수영이 금지되는 날은 아래로 내려가는 계단이 폐쇄될 수 있기 때문에 스노클링이 목적이라면 홈페이지에서 확인하고 방문하길 추천한다.
스노클링이나 스쿠버 다이빙을 하지 않더라도 곶 위를 한 바퀴 걸어 돌아볼 수 있는 산책 코스도 있어 가볼 만하다.

홈페이지 https://maedamisaki.jp **맵코드** 206 062 716*02 **운영** 09:00~17:30 **주차장** 있음(유료) **가는 방법** 나하 공항에서 차로 1시간, 아메리칸 빌리지에서 차로 28분.

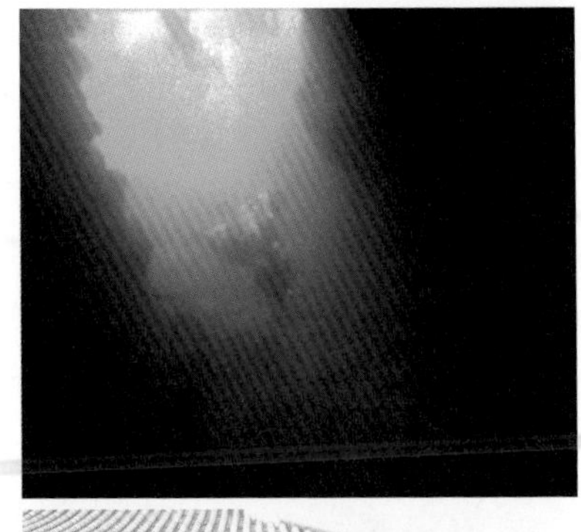

TIP

동굴 입구를 통해 들어오는 햇빛이 해저 밑의 모래에 반사되어 수면이 푸르게 보이는 현상 때문에 푸른 동굴이라 불리게 되었다고 한다.

무라사키무라

むら咲むら

류큐 왕조가 번성하였던 15세기 초반의 성과 왕국을 재현해놓은 테마파크로 오키나와 문화를 체험할 수 있다. 일본 대하 사극 오픈 세트장으로 사용하던 건물과 32개의 공방, 101종의 체험 코스가 있어 현지 학생들도 수학여행으로 많이 찾는다. 우리나라 드라마 '괜찮아 사랑이야'에서 두 주인공이 체험을 즐기던 모습으로 등장하기도 했다. 옛 류큐 왕조 무사 계급의 저택을 옮겨 오픈한 레스토랑에서는 류큐 무용을 보면서 류큐 요리를 즐길 수 있다. 주차장 옆 기념품 코너에서는 런치 뷔페를 즐길 수 있다. 류큐무라와 유사하니 둘 중 한 곳만 방문하면 된다.

홈페이지 https://murasakimura.com **맵코드** 33 851 348*60 **전화** 098-958-1111 **운영** 09:00~22:00 **휴무** 연중무휴 **요금** 성인 1,800엔 **주차장** 있음(무료) **가는 방법** 아메리칸 빌리지에서 차로 25분.

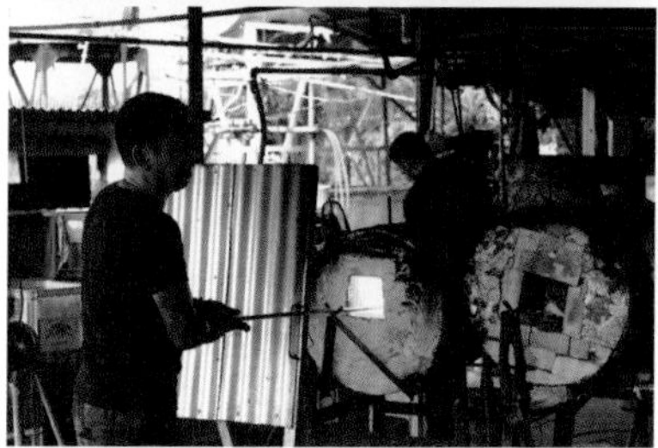

요미탄 도자기 마을

読谷やちむんの里 요미탄야치문노사토

오키나와 도자기 '야치문'을 만들어내는 공방들이 모여 있는 곳이다. 야치문의 고향은 원래 나하의 츠보야 야치문도리였으나 오키나와 최초의 인간문화재 킨조 지로 金城次郎가 1974년, 숲과 나무가 많아 도자기를 만들기에 좋은 조건을 갖춘 요미탄손 読谷村으로 가마를 옮기면서 오키나와 각지에서 공방을 꾸리던 도공들이 하나둘 모여들게 됐다.
마을에 들어서면 9개의 커다란 가마가 계단식으로 이어진 노보리가마 登り窯가 있는데, 운이 좋다면 도자기를 굽는 모습도 직관할 수 있다. 일상에서 사용할 수 있는 생활 도자기 중심이고 저렴한 제품도 많아 가볍게 쇼핑하기 좋다. 제1주차장 쪽에 유리공예를 전문으로 하는 공방이 있고, 공동판매장 부근의 갤러리 모리노차야 공방에서는 빙수, 커피, 소멘찬푸르 등을 먹을 수 있다.

홈페이지 https://www.yomitan-kankou.jp/tourist/watch/1611319504 **맵코드** 33 855 411*61 **전화** 098-958-4468 **운영** 상점마다 상이 **휴무** 상점마다 상이 **주차장** 있음(무료) **가는 방법** 아메리칸 빌리지에서 차로 23분.

자키미 성터

座喜味城跡 자키미구스쿠

요미탄 지역에 있는 성터. 류큐 왕국을 건국할 당시에 공을 세운 장군이자 천재 건축가였던 고사마루 誤佐丸가 15세기 초반에 만든 성으로 견고한 아치형 입구가 특징이다. 성문 오른쪽 부분이 앞으로 길게 돌출된 형태로 지어진 이유는 성문으로 침입하려는 외적을 옆에서 공격하기 위한 것이라고. 외곽의 길이가 365m에 불과한 작은 성이지만 자료관에서 성문까지의 소나무 길이 무척 아름답다. 또한 성벽 위에서 내려다본 성곽은 완만한 곡선미의 중후함까지 느낄 수 있다. 태평양 전쟁 이후 미군이 통치하던 1972년까지는 미국의 통신기지로 사용되었다.

홈페이지 https://bunka.nii.ac.jp/heritages/detail/173575 **맵코드** 33 854 308*30 **전화** 098-958-3141 **운영** 24시간 **휴무** 연중무휴 **요금** 무료 **주차장** 있음(무료) **가는 방법** 아메리칸 빌리지에서 차로 25분, 요미탄 도자기 마을에서 차로 8분.

우라소에 성터

浦添城跡

매끈하고 아름다운 곡선으로 처리된 성벽을 가진 우라소에성은 1989년 국가 사적으로 지정되었고 성터와 주변 지역까지 묶어 우라소에 대공원으로 조성되었다. 우라소에 대공원에는 역사 학습, 휴식의 광장, 만남의 광장 등 총 3개 존 Zone이 있는데, 우라소에 성터는 역사학습존에 있다.

성의 정확한 축성연도는 알 수 없으나 12세기 중후반에 만들어진 것으로 추정되며 12~14세기까지 류큐에서 가장 큰 성이었던 것으로 보인다. 태평양 전쟁 때 오키나와 전투의 최대 격전지이기도 했던 아픈 역사를 가진 곳으로 사실상 완파 수준으로 파괴되었다가 지금까지도 복원 공사가 진행 중이다. 정상에 올라가면 주변 지역을 시원하게 내려다볼 수 있지만 내륙에 위치해 있기 때문에 오밀조밀한 도시의 풍경을 볼 수 있다. 날씨가 맑은 날은 나하 시내까지 보인다.

홈페이지 www.city.urasoe.lg.jp/docs/2014110103369 **맵코드** 33 283 122*54 **전화** 098-876-1234 **운영** 24시간 **휴무** 연중무휴 **주차장** 있음(무료) **가는 방법** 아메리칸 빌리지에서 차로 20분, 나하 공항에서 차로 30분.

가쓰렌 성터

勝連城跡 가쓰렌구스쿠

류큐 왕국에 끝까지 저항했던 아마와리 阿麻和利를 비롯해 역대 가쓰렌 성주들이 살았던 성이다. 오키나와 성 중 가장 오래된 성으로 세계문화유산에 등재되어 있다. 1960년부터 시작된 발굴, 복원 공사가 현재까지도 진행 중에 있는데, 성터 안에서 대량의 중국 도자기를 비롯해 열대 지방의 앵무새 뼈와 중국 동전, 조선과 동남아시아의 도자기 등이 출토되며 가쓰렌성이 해외 교역의 거점으로 번성했던 곳임을 짐작하게 한다.

우아하고 여성적인 곡선미를 자랑하고 있는 가쓰렌성은 자연 절벽을 이용해 경사진 언덕 위에 성벽이 있어 오키나와에서 가장 아름다운 경치를 볼 수 있는 곳으로도 유명하다. 파란 태평양 바다가 사방으로 펼쳐지고 환상적인 일몰을 볼 수 있어 데이트 코스로도 인기가 있다.

홈페이지 www.katsuren-jo.jp **맵코드** 499 570 171*64 **전화** 098-978-2033 **운영** 09:00~18:00(입장 마감 17:30) **휴무** 연중무휴 **요금** 성인 600엔 **주차장** 있음(무료) **가는 방법** 아메리칸 빌리지에서 차로 35분, 해중도로에서 차로 15분.

나카구스쿠 성터

中城城跡 나카구스쿠구스쿠

14세기 말에 이곳을 지배하던 호족이 작은 규모의 성을 만든 것으로 추정되며 류큐 왕국 제 6대 왕 쇼타이큐 시대에 류큐 석회암을 사용하여 확장했다고 한다. 제2차 세계대전 당시 대부분의 오키나와 문화유산이 파괴되었지만 이 성만은 폭격을 받지 않아 오키나와의 약 300여 개 성터 중에서 보존 상태가 가장 양호하다. 지금도 성 곳곳에서 문화재 발굴 작업이 진행되고 있다. 천연 지형지물을 활용한 성곽의 곡선미가 아름다운 성벽 위에서 중국해와 태평양 해상의 섬들을 한눈에 조망할 수 있다.

홈페이지 www.nakagusuku-jo.jp **맵코드** 33 411 485*76 **전화** 098-935-5719 **운영** 08:30~17:00(5~9월 18:00) **휴무** 연중무휴 **요금** 성인 400엔 **주차장** 있음(무료) **가는 방법** 아메리칸 빌리지에서 차로 15분, 해중도로에서 차로 36분.

추라야시 파크 오키나와 동남식물낙원

美らヤシパークオキナワ 東南植物楽園
토난쇼쿠부츠라쿠엔

화훼류와 채소류를 생산하고 판매하던 농장이 식물원으로 바뀌었다. 오키나와의 독특한 기후를 활용하여 약 1,300여 종에 이르는 열대 및 아열대 식물을 재배하고 있다. 큰 연못을 중심으로 조성된 수상낙원과 야자수가 늘어선 산책로가 인상적이다. 철조망 없이 풀어놓은 거북이, 카피바라 등은 직접 만져보고 먹이를 주는 경험도 할 수 있다. 푸른 잔디밭을 바라보며 식사를 할 수 있는 레스토랑도 있고 낚시 체험도 가능하다. 밤이 되면 야간 라이트 쇼가 펼쳐진다. 또한 약 40만 평에 이르는 식물원을 '트램 스테이션'이라고 하는 버스를 타고 4개 언어(영어, 중국어, 한국어, 일본어)의 음성 안내를 들으며 투어할 수 있다.

비교적 선선한 야간 관람을 추천한다.

홈페이지 www.southeast-botanical.jp **맵코드** 33 742 510*18 **전화** 098-939-2555 **운영** 09:30-22:00 **휴무** 연중무휴 **요금** 1일 입장권 2,800엔, 주간권(9:30~17:00) 1,540엔, 야간권(17:00~22:00) 2,150엔 **주차장** 있음(무료) **가는 방법** 아메리칸 빌리지에서 차로 23분, 요미탄 도자기 마을에서 차로 20분.

해중도로

海中道路 카이추우도로

오키나와 본섬 동쪽으로 헨자섬 平安座島, 미야기섬 宮城島, 이케이섬 伊計島을 연결하는 전체 길이 4.7km의 해상도로다. '해중도로'라고 이름 붙어 있으나 바닷속을 달리는 것이 아니라 섬과 섬을 길게 연결한 바다 위로 난 도로다. 주행 중에 주정차를 할 수 없고 별도의 톨게이트 등은 없어 통행 요금은 부과되지 않는다. 도로 중간 지점에 있는 특산물과 먹거리를 판매하는 휴게소에 정차해 풍경을 즐기면 된다. 썰물 때는 멀리까지 물이 빠져 갯벌과 해변이 드러나기 때문에 밀물 때에 맞춰 가는 것이 풍경은 더 좋다.

맵코드 499 576 308*38 **전화** 098-978-8830 **주차장** 있음(무료)

카호 절벽

果報バンタ(幸せ岬) 카호반타

미야기섬에 있는 절벽으로 오키나와 사투리로 '행복의 곳 Kafu Banta'을 뜻한다. 에메랄드 그린과 코발트블루가 멋지게 그라데이션된 물속 산호 군락이 절벽 위 전망대에서도 내려다보이는 투명한 바다를 만날 수 있다. 누치마스 소금공장 바로 옆에 있다.

맵코드 499 674 699*24 **전화** 098-923-0390 **운영** 09:00~17:30 **휴무** 연중무휴 **요금** 무료 **주차장** 있음(무료) **가는 방법** 해중도로에서 차로 15분, 아메리칸 빌리지에서 차로 50분.

누치마스 소금공장

ぬちまーす Salt Factory Nuchi Masu
누치마스

오키나와 바닷물로 소금을 만드는 공정을 견학할 수 있는 공장이다. 누치마스 ぬちまーす는 오키나와 사투리로 누치 ぬち가 생명, 마스 まーす가 소금으로 '생명의 소금'이라는 뜻이다. 매일 09:40부터 16:40까지 20분마다 견학 프로그램이 진행된다. 공장 2층에는 소금을 파는 매장, 요리와 디저트를 맛볼 수 있는 카페, 기념품을 구매할 수 있는 숍도 있다.

홈페이지 https://nuchima-su.co.jp **맵코드** 499 674 665*23 **전화** 098-983-1111 **운영** 09:00~17:30 **휴무** 연중무휴 **요금** 무료 **주차장** 있음(무료)
가는 방법 해중도로에서 차로 15분, 아메리칸 빌리지에서 차로 50분.

니시하라 키라키라 비치

西原きらきらビーチ

오키나와에서 흔치 않게 동쪽에 위치한 해수욕장이다. 관광객보다 현지인이 많이 찾는 곳이기도 하다. 해수욕을 할 수 있는 해변과 바비큐 시설 대여가 가능한 공원이 함께 있어 가족 단위 또는 단체 여행객이 주로 찾는다. 550m 길이의 모래사장과 샤워장, 매점 등의 시설이 갖춰져 있다.

홈페이지 http://xn--pck7csb8b4b1c.com **맵코드** 33 137 800*30 **전화** 098-944-5589 **주차장** 있음(무료)
가는 방법 나하 시내에서 차로 30분.

이케이 비치

伊計ビーチ

해중도로, 헨자섬, 미야기섬을 통과하는 10번 도로 가장 끝에 위치한 이케이섬의 해변이다. 해중도로를 달려 이케이섬으로 들어가는 터널을 지나면 왼쪽으로 각종 해양 스포츠를 즐길 수 있는 투명한 바다가 보인다. 글라스보트, 웨이크보드, 마린 제트, 체험 다이빙 등을 즐길 수 있다. 샤워장, 코인 라커, 튜브, 파라솔 등의 대여도 가능하다.

비치를 운영하는 시즌이 아닐 경우 주차장부터 아예 문이 닫혀 있어 들어가 볼 수 없다. 이케이 비치 외에 큰 볼거리는 없기 때문에 겨울(12~3월)이라면 이케이섬은 추천하지 않는다.

홈페이지 www.ikei-beach.com **맵코드** 499 794 036*33 **전화** 098-977-8464 **운영** 10:00~16:00 **휴무** 수, 목 **요금** 성인 400엔 **주차장** 일 500엔 **가는 방법** 해중도로에서 차로 20분, 아메리칸 빌리지에서 차로 1시간.

글라스보트 1,500엔(인당), 비치파라솔 1,000엔, 비치 체어 1,000엔, 구명조끼 500엔, 수영 고글 300엔, 비치 텐트 2,000엔~

미나토가와 스테이트사이드 타운

港川ステイツサイドタウン Minatogawa Stateside Town

1950년대 미군 거주 단지였던 지역으로 현재 오키나와에서 가장 트렌디한 분위기를 느낄 수 있는 곳이다. 알록달록한 파스텔톤 건물들이 옹기종기 모여 있는 마을로 지금은 카페와 베이커리, 빈티지 숍들이 주택 사이사이에 자리 잡으며 관광지로 떠올랐다. 비슷하지만 조금씩 다른 주인장의 개성이 담긴 숍들을 돌아보는 재미가 있다. 대부분의 식당이나 카페 앞에 2~3대 정도 주차할 수 있는 공간이 있긴 하지만 협소한 편이다. 타운 내에 있는 유료 주차장을 이용하면 편리하다.

홈페이지 http://okisho.com/foreigner-house **맵코드** 33 341 101*55 **전화** 098-941-3939 **주차장** 매장별 별도, 유료 코인 주차 있음 **가는 방법** 아메리칸 빌리지에서 차로 18분, 나하 국제거리에서 차로 18분.

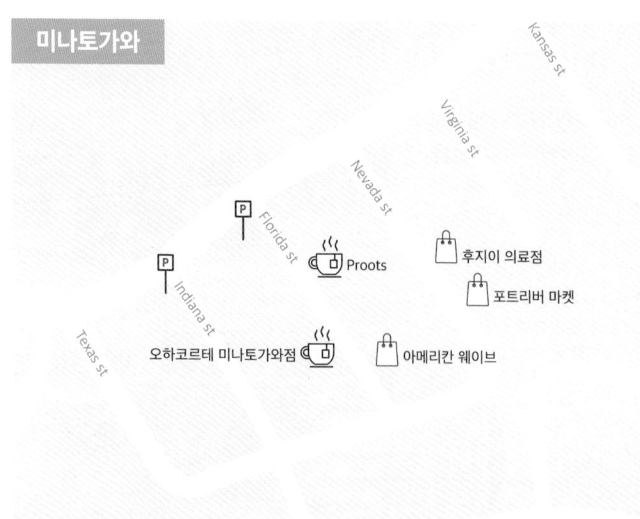

오하코르테 미나토가와점

oHacorte bakery オハコルテ 港川本店

오키나와의 청명한 바다 빛깔을 연상케 하는 외관의 오하코르테는 다양한 타르트를 맛볼 수 있는 타르트 전문점이다. 유명세를 타면서 베이커리로 재탄생하여 케이크, 빵 등을 함께 판매 중이다. 가게는 작고 아담하고 내부 역시 아기자기하다. 3개의 테이블이 있어 베이커리류와 곁들일 수 있는 커피, 말차 등을 마시며 잠시 쉬어 가기 좋다.

홈페이지 https://ohacorte.com **맵코드** 33 341 002*08 **전화** 098-875-2129 **운영** 11:30~19:00 **휴무** 화 **주차장** 있음(무료)

미나토가와점 외에 마쓰오점, 오로쿠점, 나하공항점 등 세 곳의 체인점이 있어요.

Proots

プルーツ

오키나와 현지 재료로 만든 식료품과 음료, 로컬 주민이 만든 그릇 등을 판매하는 라이프스타일 편집 숍이다. 토속적인 느낌이 물씬 풍기는 귀여운 소품들이 가득해 여행을 추억하기 위한 기념품을 원한다면 들러 봐도 좋다.

인스타그램 proots_okinawa **맵코드** 33 341 032*06 **전화** 098-955-9887 **운영** 11:00~18:00 **휴무** 수, 토 **주차장** 있음(무료)

후지이 의료점

藤井衣料店 후지이이료텐

간판도 없는 주택 창가의 아기자기한 모습에 끌려 조심스레 문을 열게 되는 상점이다. 의류와 잡화, 오키나와 작가들의 도예 작품과 일본 브랜드의 아웃도어 제품 등을 판매하고 있다.

홈페이지 http://fujii536.com **맵코드** 33 341 033*15 **전화** 098-877-5740 **운영** 11:00~18:30 **휴무** 연중무휴 **주차장** 있음(무료)

아메리칸 빌리지

アメリカンビレッジ

오키나와 중심에 자리하고 있는 작은 미국으로, 알록달록한 건물과 야자수가 늘어선 거리 풍경이 이국적이다. 오묘한 분위기 때문에 관광객들은 물론 패션 화보, 뮤직 비디오 등 다양한 촬영 장소로 꾸준하게 인기가 좋다. 유명했던 대관람차는 노후로 인해 현재 사라져 쇼핑 목적으로 찾는 사람이 대부분이다. 다양한 빈티지 제품을 만날 수 있는 아메리칸 데포 American Depot, 게임센터인 드래곤 팰리스 Dragon Palace를 비롯해 다양한 쇼핑센터와 라이브 하우스, 레스토랑 거리를 만날 수 있다. 지역을 대표하는 쇼핑몰 이온 AEON도 가까이 있어 생활필수품을 구입하려는 지역민들도 찾는다.

홈페이지 www.okinawa-americanvillage.com **맵코드** 33 526 422*38 **주차장** 있음(무료) **가는 방법** 나하 공항에서 차로 40분, 노선버스 이용 시 120번.

TIP

이온몰 앞 스타벅스 미하마 미디어스테이션(2층)에서 자전거를 렌트할 수 있다. 자전거 대여료는 4시간 500엔.

TIP

건물과 상점마다 주차장이 있지만 매번 옮기며 여행하기는 번거롭고 복잡하다. 빌리지 내에 숙소를 선택한 것이 아니라면 아메리칸 빌리지 중심부에 있는 주차장이나 이온몰 주차장에 차를 두고 걸어서 돌아보길 추천한다.

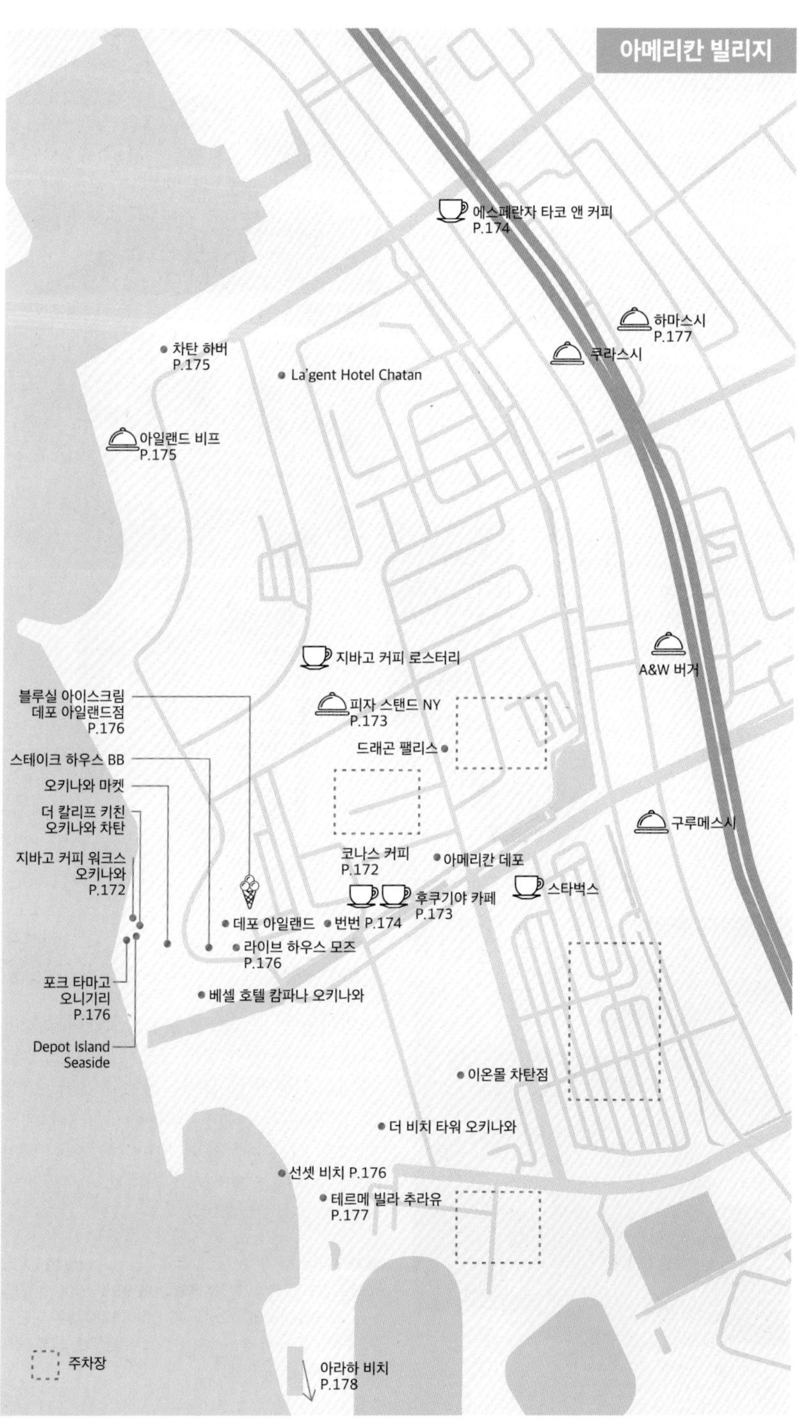
아메리칸 빌리지
에스페란자 타코 앤 커피
P.174
하마스시
P.177
쿠라스시
차탄 하버
P.175
La'gent Hotel Chatan
아일랜드 비프
P.175
지바고 커피 로스터리
A&W 버거
블루실 아이스크림
데포 아일랜드점
P.176
피자 스탠드 NY
P.173
드래곤 팰리스
스테이크 하우스 BB
오키나와 마켓
더 칼리프 키친
오키나와 차탄
구루메스시
지바고 커피 웍스
오키나와
P.172
코나스 커피
P.172
아메리칸 데포
스타벅스
후쿠기야 카페
P.173
데포 아일랜드
번번 P.174
라이브 하우스 모즈
P.176
포크 타마고
오니기리
P.176
베셀 호텔 캄파나 오키나와
Depot Island
Seaside
이온몰 차탄점
더 비치 타워 오키나와
선셋 비치 P.176
테르메 빌라 추라유
P.177
주차장
아라하 비치
P.178

지바고 커피 워크스 오키나와
Zhyvago Coffee Works Okinawa

선셋 해변의 카페 거리에 있다. 직접 커피를 볶고 블렌딩하는 로스터리 카페로 커피와 쿠키, 케이크, 원두를 비롯해 옷, 모자 등의 굿즈도 판매하고 있다. 매장이 크진 않지만 있을 건 다 있어 꽉꽉 들어찬 분위기. 주문을 하면 이름을 묻고 음료가 나오면 불러준다. 음료의 사이즈는 3가지 중 선택할 수 있고 오트밀크, 소이밀크 등 우유 선택도 가능하다. 힐튼호텔 바로 앞에는 다른 지점인 지바고 커피 로스터리 Zhyvago Coffee Roastery(07:00~02:00, 연중무휴)도 있다.

홈페이지 https://shop.zhyvagocoffeeroastery.coffee **맵코드** 33 525 657*60 **전화** 098-988-7833 **운영** 07:00~02:00 **휴무** 연중무휴 **주차장** 있음(무료) **가는 방법** 데포 아일랜드에서 도보 7분.

코나스 커피
Kona's Coffee

하와이안 콘셉트로 팬케이크, 핫케이크 등이 유명한 브런치 카페다. 규모가 제법 크고 넓은데도 사람이 늘 붐비는 곳이라 30분 이상의 대기는 각오해야 한다. 팬케이크 외에도 다양한 식사 메뉴들이 있고 사진으로 되어 있어 주문하기 편리하다. 커피보다는 음식 위주로 맛보길 추천한다.

홈페이지 https://stores.konas-coffee.com/111213 **맵코드** 33 525 419*50 **전화** 098-983-7500 **운영** 월~금 11:00~23:00, 토~일 00:00~23:00 **휴무** 연중무휴 **주차장** 없음(아메리칸 빌리지 주차장 이용) **가는 방법** 데포 아일랜드에서 도보 3분.

피자 스탠드 NY

Pizza Stand NY

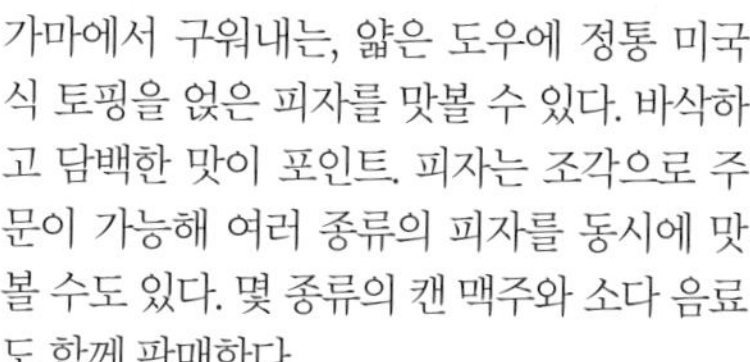

가마에서 구워내는, 얇은 도우에 정통 미국식 토핑을 얹은 피자를 맛볼 수 있다. 바삭하고 담백한 맛이 포인트. 피자는 조각으로 주문이 가능해 여러 종류의 피자를 동시에 맛볼 수도 있다. 몇 종류의 캔 맥주와 소다 음료도 함께 판매한다.

홈페이지 http://pizzastandny.com **맵코드** 33 525 598*81 **전화** 098-923-2738 **운영** 11:00~21:00 **휴무** 수 **주차장** 없음(아메리칸 빌리지 주차장 이용) **가는 방법** 데포 아일랜드에서 도보 4분.

후쿠기야 카페

FUKUGIYA CAFE

세련된 분위기의 인테리어를 갖춘 레스토랑으로 음료만 주문도 가능하다. 아메리칸 빌리지의 외곽 쪽 수변을 끼고 있어 테라스석에 앉으면 이국적인 전망을 만끽하며 시간을 보낼 수 있다. '나무 케이크'라는 뜻의 바움쿠헨 맛집으로도 유명해 포장해 가는 사람이 많다. 아메리칸 데포 C관 1층에 있다.

홈페이지 https://fukugiya.com/shop/shop-300 **맵코드** 33 526 390*56 **전화** 098-936-8838 **운영** 11:30~19:00 **휴무** 연중무휴 **주차장** 없음(아메리칸 빌리지 주차장 이용) **가는 방법** 데포 아일랜드에서 도보 3분.

번번
cafe and fruits BUNBUN

아메리칸 빌리지의 강변을 끼고 있는 카페로 과일 스무디, 빙수 등을 먹을 수 있다. 스테이크, 치킨 등의 메뉴도 판매하지만 크로플 플레이트나 과일류의 메뉴를 추천한다. 테이블마다 올려져 있는 QR코드를 이용해 휴대폰으로 주문하고 식사 후 키오스크에서 결제할 수 있다.

홈페이지 https://bunokinawa.com **맵코드** 33 525 387*16 **전화** 098-923-2270 **운영** 월 08:30~18:00. 화~목 10:00~18:00, 금 10:00~23:00, 토~일 08:30~10:30 **휴무** 연중무휴 **주차장** 없음(아메리칸 빌리지 내 주차장 이용) **가는 방법** 데포 아일랜드에서 도보 2분.

에스페란자 타코 앤 커피
Esparza's Tacos & Coffee

아메리칸 빌리지에 있는 타코집으로 메인 거리에서 약간 벗어나 있어 비교적 한적한 편이다. 타코, 타코라이스, 나초 등 다양한 멕시칸 요리를 맛볼 수 있고 비건 메뉴와 어린이 메뉴도 준비되어 있다. 식사를 할 경우 수프와 살사 소스 등은 바에서 자유롭게 리필이 가능하다.

홈페이지 https://tabelog.com/okinawa/A4703/A470304/47019094 **맵코드** 33 556 152*37 **전화** 098-926-1888 **운영** 10:00~21:00 **휴무** 연중무휴 **주차장** 있음(무료) **가는 방법** 아메리칸 빌리지에서 도보 9분.

아일랜드 비프

Wagyu Steak ISLAND BEEF

스테이크를 전문으로 하는 레스토랑으로 가격대가 좀 있는 편이지만 입에서 살살 녹는 이시가키규 石垣牛(이시가키산 소고기)를 맛볼 수 있다. 아메리칸 빌리지의 중심에서 약간 벗어나 있어 여유로운 분위기고 바다를 바로 앞에서 바라보며 식사를 할 수 있다. 스테이크 외에 버거, 파스타, 카레 등의 메뉴도 준비되어 있다. 코스로 제공되는 정식 메뉴도 있으며 해피아워(15:00~19:00)를 이용하면 비교적 저렴한 가격에 식사가 가능하다. 특별한 기념일에 예약을 하면 깜짝 파티를 열어 준다.

홈페이지 www.steak-islandbeef.com **맵코드** 33 525 860*52 **전화** 090-2856-8508 **운영** 11:30~23:00 **휴무** 연중무휴 **주차장** 있음(무료) **가는 방법** 아메리칸 빌리지에서 도보 7분.

차탄 하버

Chatan Harbour Brewery & Restaurant

일몰을 즐기며 오키나와산 수제 맥주를 맛볼 수 있는 레스토랑이다. 매장 입구 기준으로 왼쪽은 레스토랑, 오른쪽은 펍으로 구성되어 있다. 직접 양조한 수제 맥주와 잘 어울리는 피자, 해산물 요리, 티본스테이크, 샐러드 등을 맛볼 수 있고 5종의 수제 맥주를 동시에 맛볼 수 있는 테이스팅 샘플러 세트가 있다. 아메리칸 빌리지 근처에서 여유 있게 시간을 보내고 싶다면 가볼 만하다.

홈페이지 www.chatanharbor.jp **맵코드** 33 555 051*63 **전화** 098-926-1118 **운영** 17:00~22:00(라스트 오더 21:30) **휴무** 연중무휴 **주차장** 있음(무료) **가는 방법** 나하 공항에서 차로 45분, 아메리칸 빌리지에서 도보 7분.

라이브 하우스 모즈

LIVE HOUSE MOD'S

30년 역사를 자랑하는 오키나와 대표 라이브 하우스다. 본래 오키나와 시내에 있었으나 2005년에 아메리칸 빌리지로 이전했다. 록, 재즈, 팝, 포크, 블루스 등 장르를 불문하고 연주하기 때문에 오키나와에서 활동하는 뮤직 아티스트는 모두 이곳에서 라이브를 했다고 해도 과언이 아니다. 라이브 차지 Live Charge는 공연마다 다르게 적용되며 1,000엔 이상을 생각하면 된다.

홈페이지 http://livehousemods.com **전화** 098-936-5708 **가는 방법** 데포 아일랜드 빌딩 E동 2층.

블루실 아이스크림 데포 아일랜드점

Blue Seal Ice Cream

1945년에 오키나와 미군기지 내에서 탄생한 아이스크림점이다. 오키나와를 찾는 관광객들은 아이스크림도 맛보고 기념품도 사러 방문한다. 개점 초기에는 미국식 아이스크림만 판매했으나 점차 오키나와에서 생산한 과일 등으로 원재료가 대체되면서 오키나와 특산품인 베니이모(자색 고구마)가 꾸준한 인기를 끌고 있고 솔티쿠키(소금쿠키) 맛도 생겨났다. 우유와 소다가 섞인 듯한 맛의 블루웨이브가 인기다.

전화 098-989-5133 **운영** 11:00~ 21:00 **가는 방법** 디포 아일랜드 빌딩 D동 2층.

포크 타마고 오니기리(포타마)

Pork Tamago Onigiri ポーたま

샌드위치처럼 생긴 주먹밥으로 밥과 스팸, 달걀말이를 김으로 싼 형태가 기본이다. 여기에 다양한 속재료를 추가해 먹을 수 있다. 막상 받아보면 심플한 모양이지만, 주문 즉시 조리하기 때문에 늘 대기시간이 있다. 10:00 넘으면 조리시간에 대기시간이 더해져 음식을 받기까지 제법 오래 걸리는 편이다. 내부는 넓지 않지만 해안가에 있어 야외 벤치 등에서 풍경을 보며 먹기 좋다. 아메리칸 빌리지 해변 쪽에 위치한다.

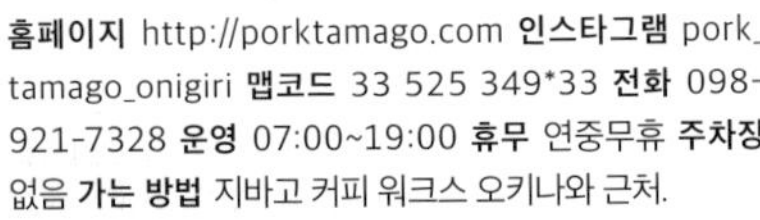

홈페이지 http://porktamago.com **인스타그램** pork_tamago_onigiri **맵코드** 33 525 349*33 **전화** 098-921-7328 **운영** 07:00~19:00 **휴무** 연중무휴 **주차장** 없음 **가는 방법** 지바고 커피 워크스 오키나와 근처.

선셋 비치

サンセットビーチ

더 비치 타워 오키나와 호텔 앞에 펼쳐진 인공 해변으로 아메리칸 빌리지 내에 있다. 이름 그대로 이곳에서 보는 석양이 아름다워 저녁 무렵이면 해안가 식당과 카페마다 자리를 찾기 힘들 정도로 사람들이 모여든다. 주말에는 쇼핑과 식사를 즐기기 위해 아메리칸 빌리지를 찾은 현지인들도 많이 들른다. 샤워장, 코인 라커, 비치 의자, 파라솔 등을 대여할 수 있다.

홈페이지 www.uminikansya.com **맵코드** 33 525 146*50 **전화** 098-936-8273 **주차장** 있음(무료) **가는 방법** 아메리칸 빌리지에서 도보 3분.

테르메 빌라 추라유
Terme VILLA ちゅらーゆ

오키나와 본섬의 유일한 온천으로 선셋 비치를 바라보며 편안한 휴식을 즐길 수 있다. 지하 1,400m에서 뿜어져 나오는 온천수가 노천탕, 사우나, 닥터피시, 온천 수영장 등을 가득 채운다. 기상 상황에 따라 다르긴 하나 수영장에서 해변으로의 출입도 가능하다. 여름 성수기 주말에는 무척 북적이는 편이지만 성수기를 지나면 한적한 편이다. 2층에는 식사가 가능한 차탄다이닝 北谷ダイニング이 있고 옥외에는 주스 바도 있다. 더 비치 타워 오키나와 호텔 투숙객은 온천 시설을 무료 또는 할인된 가격으로 이용할 수 있다.

홈페이지 https://dormy-hotels.com/ko/spa/chula-u **맵코드** 33 525 117*72 **전화** 098-926-2611 **운영** 07:00~23:00 **휴무** 연중무휴 **요금** 성인 1,600엔, 4~11세 800엔, 1~3세 300엔, 아침 목욕(07:00~9:00, 10:00 퇴관) 성인 900엔 **주차장** 있음(무료) **가는 방법** 아메리칸 빌리지에서 도보 3분.

하마스시
はま寿司

아메리칸 빌리지 주변의 인기 있는 100엔 스시집 중 한 곳이다. 오키나와 근해에서 잡히는 신선한 어류로 만든 스시를 100~360엔에 맛볼 수 있는데, 6종류의 접시가 가격별로 구분되어 있다. 메뉴판은 사진과 영어로 표기되어 있어 주문하기에 어려움이 없으며 매장이 넓어 여유 있게 식사를 즐길 수 있다. 테이크아웃도 가능하다. 입구의 키오스크에서 인원수를 선택하고 좌석을 배정받으면 된다. 우동, 감자튀김, 음료 세트도 있고 아이들을 위한 키즈밀도 있다.

맵코드 33 526 460*84 **전화** 098-926-3222 **운영** 11:30~14:00, 16:30~21:50 **휴무** 수 **주차장** 있음(무료) **가는 방법** 아메리칸 빌리지에서 도보 10분.

TIP

58번 국도를 사이에 두고 하마스시 맞은편엔 쿠라스시 くら寿司, 도보 10분 거리엔 구루메스시 グルメ回転寿司 등이 있다.
비슷한 맛과 가격대이니 대기가 길다면 자리를 옮겨보자.

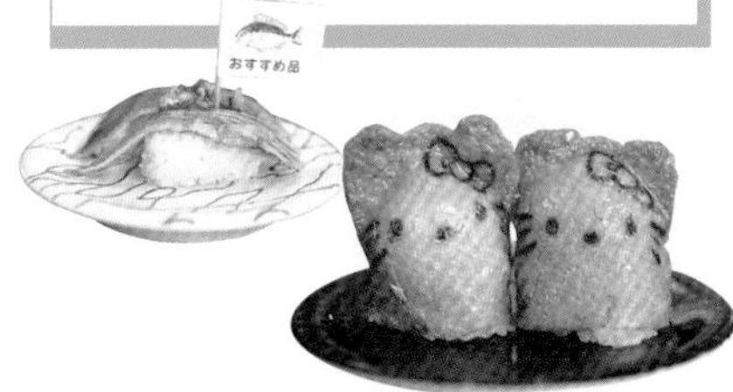

아라하 비치

アラハビーチ

차탄 아라하 공원 내에 있는 해변. 전체 길이 610m에 이르는 백사장이 무척 아름답고 석양을 감상하기에 좋은 스폿이다. 가까운 곳에 미군기지가 있어 주말에는 현지인보다 주변에서 근무하는 미군 가족 등 외국인들로 붐빈다. 해변 중앙에는 커다란 배 모형이 있는데 1840년에 영국 선박 '인디언오크 호'가 이곳에서 좌초됐을 때 주민들에게 도움을 받은 것이 계기가 되어 영국과의 우호 증진을 목적으로 제작된 시설이다. 샤워장, 비치 의자, 파라솔 등을 대여해 이용할 수 있다.

홈페이지 www.okinawastory.jp/spot/600006207 **맵코드** 33 496 007*13 **전화** 0989-26-2680 **운영** 수영 가능 기간 4~10월 09:00~19:00 **휴무** 연중무휴 **주차장** 있음(무료) **가는 방법** 아메리칸 빌리지에서 차로 4분(1.4km).

트로피칼 비치

Tropical Beach

기노완 해변공원 ぎのわん海浜公園에 있는 해변. 공원에 마련된 체육시설을 이용하기 위해 현지인들도 즐겨 찾는다. 관광객 입장에서는 해수욕을 목적으로 하는 게 아니면 일부러 찾아갈 만한 곳은 아니다. 파라솔이나 비치 의자 대여가 가능하고 샤워장 등 편의시설이 잘 갖춰져 있다. 바나나보트와 카약 등을 즐길 수 있고 여러 개의 액티비티를 이용하면 할인도 된다. 근처에 오키나와 컨벤션센터가 있다.

홈페이지 www.ginowankaihinkouen.jp **맵코드** 33 403 241*36 **전화** 098-897-2751 **운영** 수영 4~10월 09:00~19:00 **주차장** 있음(무료) **가는 방법** 아메리칸 빌리지에서 차로 15분(6~7km).

미션 비치

Mission Beach ミッションビーチ

조용히 해수욕하길 원한다면 이용하기 좋은 해변이지만 해수욕이 목적이 아니라면 일부러 찾아갈 만한 곳은 아니다. 아담하고 예쁜 해변에 샤워실, 탈의실 등의 시설을 갖추고 있다. 바나나보트나 스노클링, 다이빙 등도 체험 가능하다. 6세 이상은 시설 사용료를 지불해야 하고 비치를 운영하지 않는 시간에는 문을 닫아 아예 입장이 불가능하다.

홈페이지 https://tryclub-okinawa.com **맵코드** 206 349 693*62 **전화** 098-967-8802 **운영** 5~9월 09:00~18:00, 4·10월 09:00~17:00 **휴무** 11~3월은 수영 불가 **요금** 6세 이상 300엔 **주차장** 유료 일 300엔 **가는 방법** 아메리칸 빌리지에서 차로 38분, 만좌모에서 차로 13분.

베이커리 오토나리야

ぱん工房おとなりや

오키나와 출신 남편과 홋카이도 출신 아내가 운영하는 곳으로 '이웃'이라는 가게 이름의 의미처럼 동네 사람들이 많이 찾는 빵집이다. 오키나와현산 밀가루로 매일 구운 빵만 판매하고 빵이 모두 소진되면 문을 닫는다. 식빵, 샌드위치빵, 베이글 등 식사용 빵과 간식용 스콘, 크루아상, 포카치아, 쿠키, 치즈 등을 판매한다. 현금 결제 및 테이크아웃만 가능하다.

홈페이지 http://asian1026.blog51.fc2.com **맵코드** 33 883 842*03 **전화** 098-958-6260 **운영** 08:00~18:30(품절 시 폐점) **휴무** 목, 일 **주차장** 있음(무료) **가는 방법** 요미탄 도자기 마을에서 차로 12분(4.7km), 류큐무라에서 차로 11분(7km).

마르지체 커피 × 베이글

Margiche Coffee x Bagel

마을의 언덕 위에 있는 카페로 내려다보이는 고즈넉한 해변가 마을의 풍경에 반하고 베이글 맛에 한 번 더 반한다. 베이글과 함께 커피는 꼭 곁들이길 추천! 오키나와에서 둘째가라면 서러울 만큼 라테가 맛있다. 07:00부터 문을 열기 때문에 아침 식사로 이용하기도 좋다.

인스타그램 margiche_coffeeandbagel **맵코드** 33 883 594*57 **운영** 07:00~16:00 **휴무** 수 **주차장** 있음(무료) **가는 방법** 요미탄 도자기 마을에서 차로 10분.

하와이안 팬케이크 하우스 파니라니

Hawaiian Pancakes House Paanilani

만좌모로 가는 길에 들르기 좋은 팬케이크 맛집으로 '일본 카페 100'에 선정된 곳이다. 가게 건너편에 넓은 주차장이 마련되어 있지만 인기가 많아 늘 붐빈다. 07:00부터 영업을 시작하기 때문에 아침 식사 하러 들르기 좋다. 스팸, 두툼한 베이컨 등을 올린 독특한 메뉴도 있다. 일일 한정 수량으로 판매하는 너츠너츠 팬케이크 Nuts Nuts Pancake가 시그니처이지만 달디달아 호불호가 있을 수 있다. 팬케이크 메뉴에 300엔을 추가하면 음료를 함께 먹을 수 있다.

인스타그램 paanilani.okinawa **맵코드** 206 314 537*23 **전화** 098-966-1154 **운영** 07:00~17:00 **휴무** 연중무휴 **주차장** 있음(무료) **가는 방법** 만좌모에서 차로 5분(3km), 마에다 곶(푸른 동굴)에서 차로 22분.

더 브로스 샌드위치 스탠드

The Bros Sandwich Stand

주문 즉시 만들기 시작하기 때문에 시간이 좀 걸리는 편이지만 내용물은 충실하다. 재료가 가득한 두툼한 샌드위치에 금액을 추가하면 감자튀김과 음료까지 세트로 주문할 수도 있다. T셔츠, 컵 등 다양한 굿즈를 판매하고 근처에 마에다 곶(푸른 동굴)이 있어 스노클링을 하고 먹기 위해 테이크아웃하는 사람들도 많다.

홈페이지 www.thebrosokinawa.com **인스타그램** thebrossandwichstand **구글맵** 26.4385659, 127.7740664 **맵코드** 206 063 123*26 **전화** 098-923-2509 **운영** 10:00~20:00(화요일은 ~16:00) **휴무** 수 **주차장** 있음(무료) **가는 방법** 마에다 곶(푸른 동굴)에서 차로 3분.

밀즈 바이 트러플 베이커리

mills by Truffle Bakery

트러플 소금이 뿌려진 소금빵을 맛볼 수 있는 베이커리 맛집이다. 소금빵 외에도 갓 구워낸 다양한 빵을 구입할 수 있다. 시그니처 메뉴인 소금빵은 버터롤 같은 부드러움에 트러플 향이 입맛을 자극하는데, 따뜻하게 먹어야 더 맛있다. 입구와 출구가 다르고 주차는 매장 앞에 5대 정도 가능하다.

홈페이지 https://truffle-bakery.com **인스타그램** mills_trufflebakery **맵코드** 33 282 060*80 **전화** 098-963-9192 **운영** 07:30~19:00 **휴무** 연중무휴 **주차장** 있음(무료) **가는 방법** ① 나하 공항에서 차로 25분. ② 유이레일 우라소에마에다역 浦添前田駅에서 도보 15분.

하나우이소바

花織そば

깊은 국물 맛과 푸짐한 양으로 인기가 있는 현지인 맛집으로 한적한 도로변에 있다. 벽면 가득 붙어 있는 사인과 사진에서 맛집 포스가 느껴진다. 오키나와 소바 외에도 고기숙주볶음, 카레, 닭튀김 등 오키나와 현지 음식을 맛볼 수 있어 좋다. 자키미성, 류큐무라, 요미탄 도자기 마을 등을 여행할 계획이라면 들르기 좋다.

맵코드 33 822 217*60 **전화** 098-958-4479 **운영** 11:00~17:30 **휴무** 수, 목 **주차장** 있음(무료) **가는 방법** 요미탄 도자기 마을에서 차로 10분.

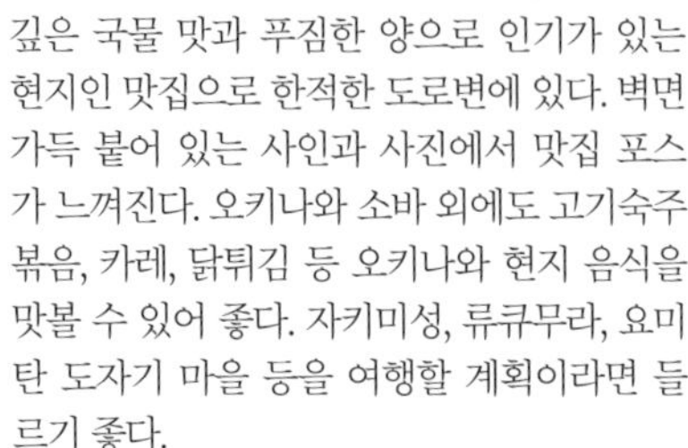

번소정

番所亭 반쇼테에

오키나와 특산물인 자색 고구마와 쑥을 이용해 만든 오키나와 소바를 맛볼 수 있는 식당이다. 은은한 향과 함께 가츠오 육수의 비율이 높아 담백한 맛이 특징이다. 키오스크를 이용해 주문하고 모니터 화면에 번호가 뜨면 음식을 픽업해오면 된다. 세트 메뉴가 있다.

홈페이지 http://banjyutei.com **맵코드** 33 826 455*63 **전화** 098-958-3989 **운영** 11:00~15:30, 17:30~20:30 **휴무** 수 **주차장** 있음(무료) **가는 방법** 요미탄 도자기 마을에서 차로 4분.

오카시고텐

Okashigoten Yomitan Branch
御菓子御殿 読谷本店

자색 고구마 타르트를 파는 유명한 상점으로 국제거리, 나고 名護, 온나 恩納 등 여러 곳에 지점이 있지만 이곳 요미탄점이 본점이다. 요미탄손 読谷村에서 옛날부터 즐겨 먹던 토착 자색 고구마 '베니이모 紅いも'가 장수 식품으로 알려지면서 베니이모를 넣어 만든 음식, 간식들이 유명해졌고 현재는 오키나와에 오면 대부분 여행자들이 사가는 기념품이 되었다. 작은 배처럼 생긴 타원형 베니이모 타르트 紅いもタルト와 베니이모 맛 아이스크림이 인기다.

홈페이지 www.okashigoten.co.jp/yomitan-shop **인스타그램** okashigoten **맵코드** 1005 656 404*06 **전화** 098-958-7333 **운영** 09:00~19:00 **휴무** 연중무휴 **주차장** 있음(무료) **가는 방법** 요미탄 도자기 마을에서 차로 15분, 잔파곶에서 차로 2분.

만좌모, 잔파곶을 오가는 동선이라면 들르기 좋아요.

TIP

베니이모 타르트 외에도 다양한 기념품들을 갖추고 있다. 국제거리 등에 따로 들르지 않는다면 이곳에서 한국으로 가져갈 선물을 준비하는 것도 방법이다. 택스프리 Tax Free가 가능하니 여권을 준비해가면 좋다.

반타 카페

星野リゾート バンタカフェ

요미탄의 호시노 리조트에 있는 카페로 투숙객이 아니어도 이용할 수 있다. 건축물과 자연의 조화가 멋진 공간으로 프라이빗한 해변이 파노라마로 펼쳐지는 전경이 인상적이다. 요미탄손 서해안의 아름다운 바다가 내려다 보이는 절벽을 중심으로 4개의 특색 있는 공간으로 구성되어 있다.

오키나와의 특산품인 고야(여주)가 들어간 우치나 피자 토스트 うちなーピザトースト나 오키나와 스타일 주먹밥인 포크 타마고 오니기리도 맛볼 수 있다. 그 밖에 컬러풀한 젤리와 카푸치노 같은 거품이 인상적인 부쿠부쿠 젤리소다 ぶくぶくジュレソーダ도 있는데, 눈길을 사로잡는 비주얼에 비해 맛은 그저 그렇다.

홈페이지 https://banta-cafe.com **맵코드** 33 880 597*63 **전화** 098-921-6810 **운영** 월~금 10:00~18:30, 토~일 08:00~18:30 **휴무** 연중무휴 **주차장** 있음(유료) **가는 방법** 요미탄 도자기 마을에서 차로 15분, 나하 공항에서 차로 1시간.

해선식당 티다

海鮮食堂 太陽

큼직한 새우튀김을 듬뿍 얹은 텐동으로 사랑받는 로컬 음식점이다. '이런 곳에 식당이 있는 게 맞나?' 싶은 곳에 위치한다. 관광객뿐만 아니라 현지인 맛집으로 유명한 곳이다 보니 평일 점심시간에도 웨이팅이 있는 경우가 있다. 오픈 시간에 맞춰 도착해 대기줄이 길게 늘어서 있더라도 당황은 금물. 자판기에서 주문을 하고 주문서를 직원에게 전달하고 자리를 배정받는 시스템으로, 주문을 위한 대기일 확률이 높다. 메뉴는 텐동, 소바, 우나동, 카츠동 등 다양하고 메뉴마다 대大, 소小 사이즈를 선택해 주문할 수 있다. 호네지루骨汁는 돼지 뼈를 우려낸 뼛국으로 우리나라의 감자탕과 갈비탕의 중간쯤으로 생각하면 비슷하다. 뼈에 있는 살을 쏙쏙 발라 먹고 국물에 밥을 말아 먹으면 든든하다. 텐동을 먹다 느끼해졌을 때 테이블 위에 있는 섬고추 다대기를 살짝 얹어 먹으면 느끼함이 사라지는 마법을 경험할 수 있다.

맵코드 33 371 059*55 **전화** 098-875-7744 **운영** 11:00~15:30 **휴무** 월 **주차장** 있음(무료) **가는 방법** 나하 공항에서 차로 20분, 아메리칸 빌리지에서 차로 17분.

히카주조

比嘉酒造 히카슈조

1948년 '오키나와 사람들에게 좋은 아와모리泡盛를 제공하고 싶다'는 생각으로 시작해 2대째 계승되고 있는 곳으로 아와모리 양조장 중 제법 규모가 큰 곳이다. 사전에 예약을 하면 견학이 가능하고 영상 감상 후 보관고를 보며 해설(일어)을 들을 수 있다. 30분 정도 소요된다. 견학을 하지 않더라도 별도로 마련된 숍에서 다양한 아와모리를 시음해보고 구입할 수 있다.

홈페이지 www.zanpa.co.jp **맵코드** 33 883 726*54 **전화** 098-958-2205 **운영** 09:00~17:00 **휴무** 토, 일 **요금** 견학 성인 500엔 **주차장** 있음(무료) **가는 방법** 요미탄 도자기 마을에서 차로 12분, 아메리칸 빌리지에서 차로 25분.

아와모리는 오키나와에서 제조되는 쌀로 빚은 증류주예요. 오키나와에서는 맥주 다음으로 많이 마신답니다.

TIP

아와모리의 대표 브랜드 잔파 残波(Zanpa)는 LG트윈스와 인연이 깊다. 잔파는 1994년 LG트윈스가 한국 프로야구 KBO 리그에서 우승을 차지했을 때 마셨던 우승주다. 1995년 오키나와 춘계 캠프 때 '올해도 우승해서 우승 파티에서 마시자'고 다짐했지만, 그 후로 오랜 세월 동안 뚜껑을 열지 못했다. 무려 28년이 지난 2023년, 세 번째 우승을 차지한 LG트윈스에게 히카주조와 쿠마가이주류 熊谷酒類가 우승을 기념하는 아와모리 항아리를 전달함으로써 오랜 소원이 이루어지게 됐다.

오키나와의 대자연을 만끽할 수 있는 북부의 관광지는 나고시를 중심으로 대부분 서쪽에 집중되어 있다. 추라우미 수족관이 있는 해양박 공원을 시작으로 에메랄드빛 바닷길이 아름다운 코우리 대교, 유네스코 세계문화유산인 나키진 성터 등을 둘러보면 된다. 자연이 살아 있는 북부 산지를 약바루 山原(やんばる)라 부르는데, 대부분이 열대우림 지역이어서 렌터카를 이용하지 않으면 전체를 둘러보기 어렵다. 시간적인 여유가 충분하다면 헤도곶, 히지폭포 트레킹, 이에섬, 요론섬도 추천한다.

Northern Okinawa

북부 오키나와

— 沖縄北部 —

북부 오키나와 추천 코스

3
2
6
5
1
4
114
505
4
3
나키진손
248
110
야가지 섬
모토부조
244
449
84
110
14
58
84
71
7
나고시
71
58
18
329
331

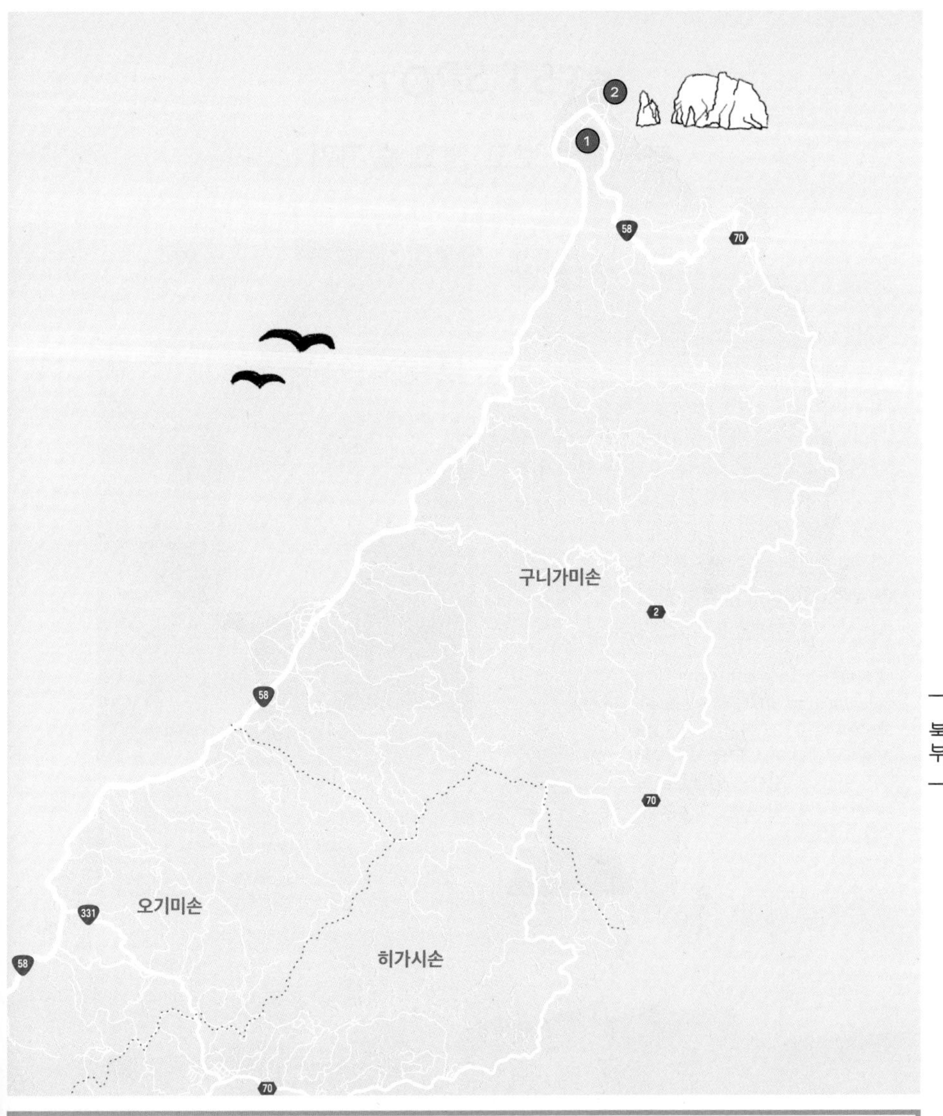

1일 추천 코스	
	① 추라우미 수족관 P.199
	② 비세마을 후쿠기 가로수길 P.202
	③ 비세자키 비치 P.203
	④ 코우리 대교 & 코우리 오션타워 P.193

1박 2일 추천 코스

1일차

1. 대석림산 P.191
2. 헤도곶 P.190
3. 코우리 대교, 코우리 오션타워 P.193

2일차

4. 추라우미 수족관 P.199
5. 에메랄드 비치 P.201
6. 비세마을 후쿠기 가로수길 P.202
7. 오리온 해피 파크 P.209

BEST SPOT

북부에서 보고 먹고 즐기기

헤도곶

辺戸岬 헤도미사키

58번 국도의 끝, 오키나와 본섬의 최북단에 있는 해안 국정공원 곶(미사키 みさき)이다. 절벽 아래로는 태평양과 동중국해가 이어지는데, 바다와 거센 파도, 가파르게 솟은 해안 절벽이 절경이다. 맑은 날은 22km 떨어져 있는 가고시마현 鹿児島県의 요론섬 与論島까지 보인다. 오키나와의 인기 일출 스폿이기도 하다. 해안에는 요론지마 与論島·쿠니가미손 国頭村 우호 기념비가 세워져 있으며 전망대와 음료, 식사가 가능한 휴게소도 있다,

홈페이지 http://kunigami-kikakukanko.com/itiran/06.html **맵코드** 728 736 143*24 **전화** 098-041-2101 **운영** 24시간 **휴무** 연중무휴 **요금** 무료 **주차장** 있음(무료) **가는 방법** 나하 공항에서 고속도로 이용 시 차로 2시간 10분, 쿄다 휴게소에서 차로 1시간.

TIP

나고시에서도 58번 국도를 따라 왼쪽에는 바다, 오른쪽에는 산이 보이는 풍경을 따라 1시간 이상 달려야 하므로 안전운전에 유의하자.

대석림산

大石林山 다이세키린잔

오키나와 본섬에서 가장 북쪽에 위치한 마을인 얀바루 북부, 헤도곶과 마주 보고 있는 해발 175m의 기암석 산악지역이다. 헤도곶에서 오른쪽 전망대 방향에 보이는 약 2억 년 전의 고생대 석회암에 침식되어 타워 카르스트 Tower Karst, 피너클 Pinnacle과 같은 기암과 거석이 형성됐다. 예로부터 성스러운 땅으로 여겨져 류큐 왕국 시대에는 왕가의 번영, 풍작, 항해, 안전을 이곳에서 기원했다고 한다. 4개의 트레킹 코스를 자유롭게 관람할 수 있으며 가이드와 함께하는 영적인 여행, '아스무이 투어 アスムイ(일본어로 진행, 유료, 1일 10명 한정)' 코스도 있다. 매표소에서 트레킹 입구까지는 안전을 위해 셔틀버스를 타고 이동하길 추천한다.

홈페이지 www.sekirinzan.com **맵코드** 728 675 895*56 **전화** 098-041-8117 **운영** 09:30~17:30(입장 마감 16:30) **휴무** 연중무휴 **요금** 어른 1,200엔, 어린이(4~14세) 600엔, 65세 이상 1,140엔 **주차장** 있음(무료) **가는 방법** 헤도곶에서 차로 5분, 나하 국제거리에서 고속도로 이용 시 차로 2시간 10분.

트레킹 코스

기암·거석 코스 1km, 약 35분

奇岩巨石コース

2억 년 전의 석회암층이 융기하여 생긴 세계 최북단의 열대 카르스트 지형을 체험해볼 수 있는 코스다. 다양한 모양의 기암과 거석을 비교해보며 트레킹할 수 있다.

추라우미 전망대 코스 900m, 약 30분

美ら海展望台コース

오키나와 최북단의 헤도곶과 망망대해를 바라볼 수 있는 코스다. 파노라마로 추라우미를 조망할 수 있는 전망대와 돌의 숲 벽, 환생바위 등이 주요 스폿이다.

배리어 프리 코스 600m, 약 20분

バリアフリーコース

노약자와 휠체어도 다닐 수 있는 데크로 구성된 산책 코스다. 날카롭게 깎아지른 고깔바위와 나베 연못 등 볼거리가 가득하고 햇살을 피할 수 있는 휴게소도 준비되어 있다.

가지마루·삼림 코스 900m, 약 30분

ガジュマル·森林コース

아열대 수목들이 밀생하는 얀바루의 숲 코스다. 거대한 가지마루와 6만 그루의 소철 군락 등 수목들의 생기를 느끼면서 트레킹할 수 있다.

히루기 공원

東村ふれあいヒルギ公園
히루기코엔

열대와 아열대 지역의 담수와 해수가 만나는 장소에 서식하는 맹그로브나무 군락이 오키나와에서 가장 넓게 분포하고 있는 공원이다. 맹그로브 군락은 국가 천연기념물로 지정되었고, 숲 사이로 걸을 수 있는 산책로와 전망대가 있다. 넓은 잔디밭도 있어 휴식을 취하기에 좋다.

맹그로브 숲 카누 체험도 가능하다. 체험은 업체별로 약속 장소에 모여 진행되며 체험 시에는 햇빛을 가릴 수 있는 모자, 긴 옷, 선글라스 등을 준비하면 좋다. 카누 체험은 하루 전까지 홈페이지나 전화로 예약해야 한다. 물이 빠져 체험이 불가능한 기간이 있기 때문에 방문 전에 확인하는 것이 좋다. 카누 체험을 원한다면 6~9월을 추천한다.

홈페이지 https://hirugipark.com **맵코드** 485 377 018*68 **전화** 098-051-2655 **운영** 08:30~17:30 **휴무** 연중무휴 **입장료** 무료 **주차장** 있음(무료) **가는 방법** 나하 공항에서 고속도로 이용 시 차로 1시간 25분, 쿄다 휴게소에서 차로 30분.

투어 업체

에코투어 푸카푸카

098-051-2155 www.eco-pukapuka.com

얀바루 클럽

098-043-6085 www.yanbaru-club.com

얀바루 자연학원

098-043-2571 www.gesashi.com

코우리섬

古宇利島 코우리지마

둘레가 8km에 불과한 작은 섬으로 차로 일주도로를 따라 한 바퀴 도는 데 20분 정도면 넉넉하다. 한가로이 드라이브를 즐기다가 코우리 대교와 코우리 오션타워, 하트 바위 등의 볼거리를 발견하면 잠시 내려 인증샷을 찍어보자.

코우리 대교

古宇利大橋 코우리오하시

코우리섬으로 가는 약 2km의 다리로 2005년에 개통되었다. 다리를 건너기 전 시작되는 지점에 있는 휴게소가 다리와 섬을 바라보는 스폿으로 인기가 있다. 내비게이션을 설정하면 대부분 이곳으로 안내한다. 다리를 건너 코우리섬에 닿으면 왼쪽에 있는 휴게소 주차장에 주차를 하고 해변을 거닐며 코우리 대교와 에메랄드빛 코우리 해변을 즐겨도 좋다.

맵코드 85 632 788*60 **주차장** 있음(무료), 다리 양쪽 끝에 위치 **가는 방법** 나하 공항에서 고속도로 이용 시 2시간 10분, 추라우미 수족관에서 차로 30분.

다리 위에서는 정차가 불가능하다. 다리 시작과 끝에 주차장을 겸한 휴게소가 있다.

코우리 오션타워

古宇利オーシャンタワー

바다와 어우러진 아름다운 경치를 바라볼 수 있는 전망 타워다. 해발 82m 높이에 코우리 대교를 한눈에 내려다볼 수 있는 전망대가 있다. 타워 내에는 세계 각국에서 수집한 조개 1만여 점을 전시하고 있는 조개 박물관과 바다를 바라보며 피자, 카레 등을 즐길 수 있는 레스토랑, 기념품 숍이 있다. 매표를 하고 입장하면 카트를 타고 아열대 식물이 무성한 정원을 통과해 전망 타워 입구에 닿는다. 가장 꼭대기 4층에 오르면 시원스레 펼쳐진 풍광을 실외에서 감상할 수 있다.

홈페이지 www.kouri-oceantower.com **맵코드** 485. 692 187*47 **전화** 098-056-1616 **운영** 10:00 ~18:00(입장 마감 17:30) **휴무** 연중무휴 **요금** 일반 1,000엔(16세 이상), 초등학생 500엔(6~15세), 초등학생 이하 무료 **주차장** 있음(무료) **가는 방법** 나하 공항에서 고속도로 이용 시 2시간 15분, 추라우미 수족관에서 차로 35분.

하트 바위

ハートロック 하토로쿠

코우리섬 북부에 있는 하트 모양의 바위로 일본 CF에 등장한 뒤로 코우리섬의 명소가 되었다. 오키나와판 '아담과 이브'의 전설이 남아 있어 '사랑의 섬'으로도 불리는 코우리섬에 있는 하트 모양의 바위라 연인들의 데이트 장소로 인기가 있다. 자체로도 하트 모양이지만 보는 각도에 따라 바위 두 개가 합쳐지면서 또 하나의 하트 모양을 볼 수 있다. 주차를 하고 하트 바위가 보이는 곳까지 조금 걸어야 하니 편한 신발을 신고 가는 것이 좋다.

맵코드 485 752 150*27 **운영** 24시간 영업 **휴무** 연중무휴 **주차장** 유료 **가는 방법** 코우리 대교에서 차로 8분.

고릴라촙

ゴリラチョップ

북부 지역 모토부 本部에 있는 고릴라 닮은 꼴 바위로 주차를 하고 계단을 몇 개 내려가면 해변에 닿는다. 자그마한 해변이지만 물이 맑고 산호 군락이 형성되어 있어 북부의 스노클링 명소로 꼽힌다. 스노클링 장비만 있다면 누구든 자유롭게 가능하지만 갑자기 깊어지는 곳이 있으므로 구명조끼를 꼭 착용하자.

맵코드 206 766 756*23 **주차장** 있음(무료) **가는 방법** 교다IC에서 차로 25분, 추라우미 수족관까지 차로 13분.

TIP

사키모토부 그린 스페이스

해변 바로 위 주차 공간은 무료지만 넉넉하지 않아 도보 5분 거리에 있는 사키모토부 그린 스페이스 Sakimotobu Green Space에 주차하길 추천한다. 스노클링이나 물놀이를 한다면 샤워시설도 이곳에 있으니 편리하다. 다만, 샤워장은 문을 닫는 시간이 이르니 참고하자.

주차장 09:00~17:00(무료) **샤워장** 09:00~15:30

나키진 성터

今帰仁城跡 나키진구스쿠

'북쪽의 큰 성'이라는 별명이 있는 성으로 류큐 왕국이 통일되기 전 13세기 말경에 축성되었다. 성터는 해발 100m에 위치하며 성벽은 높이 3~8m, 총 길이 약 1.5km 구간이 완벽한 형태로 남아 있어 오키나와의 만리장성으로 불린다. 다른 성보다 튼튼하고 오래된 퇴적층의 석회암을 사용해 견고하게 축조되었다. 복원과 발굴 조사가 현재도 진행 중으로 일부 구간은 통제되는 곳도 있으니 유의하자. 아름다운 곡선미가 자랑인 성곽에서는 이에섬 伊江島, 이제나섬 伊是名島, 요론섬 与論島 등이 보인다. 넓고 조용해 산책을 즐기기 좋고 돌아보는 데는 1시간 정도 소요된다. 역사문화센터 歴史文化センター에서는 성내에서 출토된 유물 등을 볼 수 있다.

홈페이지 www.nakijinjoseki-osi.jp **맵코드** 553 081 441*64 **전화** 098-056-4400 **운영** 08:00~18:00 **휴무** 연중무휴 **요금** 성인 600엔, 중·고생 450엔, 초등학생 이하 무료 **주차장** 있음(무료) **가는 방법** 나하 공항에서 고속도로 이용 1시간 45분, 추라우미 수족관에서 차로 10분.

TIP

한낮이나 여름철에는 그늘이 거의 없어 매우 뜨거우니 양산이나 모자를 준비하는 것이 좋다.

해양박 공원

海洋博公園 카이요하쿠코엔

1975년 오키나와 엑스포 시설인 해양박람회장을 활용해 만든 테마파크로 해양박람회 기념공원을 줄여 해양박 공원이라 부른다. 2002년에 추라우미 수족관이 개원하면서 오키나와를 찾는 관광객들에게 가장 인기가 많은 시설이 됐다. 해양박 공원은 열대·아열대 도시녹화 식물원, 열대 드림센터, 오키나와 향토촌 해양 문화관, 수족관, 돌고래 쇼 전용 극장, 바다거북 전용관, 에메랄드 비치 등으로 구성되어 있다. 규모가 워낙 커서 꼼꼼하게 돌아보려면 하루 종일 걸리지만 보통은 추라우미 수족관과 바다거북 전용관, 오키짱 극장의 돌고래 쇼, 에메랄드 비치 등을 돌아본다.

입장권은 각 리조트, 호텔, 렌터카 회사 또는 해양박 공원으로 가는 길에 있는 쿄다 휴게소의 편의점에서 판매하는 할인 티켓(15~20%)을 구입하면 유리하다.

홈페이지 http://oki-park.jp **맵코드** 553 075 767*66 553 07 54 09 **전화** 098-048-2741 **운영** 08:00~18:00 **휴무** 매년 12월 첫째 수요일과 다음 날 휴무 **요금** 시설에 따라 다름 **주차장** 있음(무료) **가는 방법** ① 나하 공항에서 고속도로 이용 시 차로 2시간. ② 얀바루 급행버스(2번 승강장)로 공항에서 2시간 20분. ③ 오키나와 버스 공항버스 리무진(12번 승강장) 2시간 30분.

추라우미 수족관

沖縄美ら海水族館

오키나와 여행을 이야기하면 가장 먼저 떠오르는 상징적인 여행 스폿이다. 주차장에서 수족관까지 걸어가는 데 15분 정도 걸리지만, 바다 앞에 유유히 떠 있는 이에섬 伊江島과 평화로운 풍경을 보며 걷다 보면 금방이다. 수족관에서 가장 인기 있는 스폿은 고래상어와 쥐가오리가 헤엄치고 자연광이 비치는 대형 수조 '쿠로시오노우미 黒潮の海'로 현존하는 어류 중 가장 큰 생물로 알려진 고래상어를 보기 위해 늘어선 사람들로 언제나 북적인다. 이 수조는 길이 22.5m, 높이 8.2m, 유리 두께 60cm이며 약 7,500톤의 수압을 견딜 수 있도록 설계되어 있다. 수족관은 4층에서부터 1층까지 넓은 바다, 산호초, 쿠로시오, 심해로의 여행 등의 테마가 차례로 이어진다. 마지막으로 기념품 매장을 통과하면 해안 산책로가 나온다.

요금 성인 2,180엔, 고등학생 1,440엔, 초·중학생 710엔, 6세 미만 무료

＼ 매일 15:00, 17:00는 고래상어의 식사시간이다. 수조 위에서 주는 먹이를 먹느라 고래상어가 물속에 서 있는 듯한 모습을 볼 수 있다.

＼ '추라 ちゅら'란 '아름다움', '깨끗함' 등을 의미하는 오키나와 말이다.

＼ 추라우미 수족관은 오전 시간대가 오후보다 붐비는 편이다.

＼ **당일 내 재입장** 출입구에서 직원에서 재입장 스탬프를 찍어달라고 하면 손목에 찍어 준다. 다만 재입장 시 스탬프와 함께 티켓을 확인하니 버리지 말고 잘 보관해 둬야 한다.

＼ **오디오 가이드** 수조 안의 물고기에 대해 자세히 알고 싶다면 홈페이지에서 구역마다 한글로 된 설명을 확인, 음성 가이드를 들을 수 있다(추라우미 수족관 홈페이지 내 이용 안내 > 관내 서비스 가이드 > 음성 가이드).

오키짱 극장

オキちゃん劇場

추라우미 수족관과 함께 인기 스폿으로 꼽히는 돌고래 쇼 전용 극장이다. 이에섬이 보이는 바다를 배경으로 돌고래 쇼를 관람할 수 있는데 무료! 쇼는 4~9월에 볼 수 있고 11:00, 13:00, 14:30, 16:00, 17:30에 시작해 각각 15분간 진행된다.

바다거북관

ウミガメ館

전 세계에 7종밖에 없는 바다거북 중 멸종위기종인 5종을 볼 수 있는 곳이다. 수십 마리의 바다거북이 유영하는 모습이 그야말로 장관이다.

에메랄드 비치

エメラルドビーチ

1975년 개장한 일본 최초의 인공 해변이다. 추라우미 수족관을 나와 산책로 오른쪽에 있다. '일본의 쾌적한 해수욕장 100선'에 선정된 곳이다. 약 3,000명이 즐길 수 있는 하얀 모래와 파란 바다는 세 곳으로 나누어져 있는데 해수욕은 물론 일몰을 감상하기에도 좋다. 샤워장 등의 부대시설은 무료고 코인 라커는 유료다.

＼ 수영 가능 기간 4월, 9월 08:30~18:00, 5~8월 08:30~19:00, 10월 08:30~17:30

＼ 비치용품 대여 파라솔 1,000엔, 튜브(대) 1,500엔, 침대 1,000엔, 구명조끼 1,000엔

＼ 유람차 1일 승차 500엔, 1회 승차 300엔

＼ 코인 라커 100~500엔

＼ 비치용품을 대여하면 보증금으로 별도 1,000엔을 받고 반환할 때 다시 돌려준다.

호텔 오리온 모토부 리조트 & 스파

ホテルオリオンモトブリゾート&スパ

추라우미 수족관까지 걸어서 10분 거리, 에메랄드 비치는 바로 앞에 있다. 그 덕분에 가격이 높지만 그럼에도 인기가 좋다. 리조트에서 대부분 해결이 되긴 하지만 단점이라면 주변에 식당이 없어 차로 5분 이상 가야 한다는 점이다.

홈페이지 www.okinawaresort-orion.com **전화** 0980-51-7300

비세마을 후쿠기 가로수길

備瀬のフクギ並木 비세노후쿠기나미키

오키나와 옛 마을의 원형이 잘 보존된 지역으로 모토부 반도 끝에 위치한다. 태풍 등으로부터 마을을 보호하기 위해 심은 후쿠키(フクギ : 망고스틴의 일종) 나무 1,000그루가 방풍림으로 조성되어 있는 주택가 골목길로, 300년 전 비세마을 선조들이 가꾼 250여 채의 민가가 있으니 함부로 들어가거나 너무 큰소리로 떠들지 않도록 유의하자. 가로수길 주변에는 바다가 보이는 카페도 있고 골목골목에 숨겨진 작은 상점, 식당을 찾아보는 재미도 있다. 자전거나 킥보드를 대여해 비세마을과 부드러운 바닷바람이 흐르는 가로수길, 해안선을 달리는 것도 좋다. 마을 끝에는 비세자키 해변이 있다.

모기가 많으니 모기퇴치제는 필수!

홈페이지 www.motobu-ka.com/tourist_info/tourist_info-post-687 **맵코드** 553 105 654*77 **전화** 098-048-2371 **운영** 24시간 **휴무** 연중무휴 **입장료** 없음 **주차장** 있음(무료) **가는 방법** 나하 공항에서 고속도로 이용 시 1시간 45분, 추라우미 수족관에서 차로 5분.

비세자키 비치

備瀬崎(びせざき)

비세마을의 끝에 위치한 작은 해변이다. 심해로 들어가는 것이 두려운 스노클링 초보자라면 추천하고 싶은 곳이다. 무릎 정도 깊이의 투명한 바다에서 열대어들이 신나게 헤엄치는 모습을 볼 수 있다. 다만 조수간만의 차가 큰 해변이라 이안류가 발생해 휩쓸리는 사고가 발생하기도 한다. 안전을 위해 구명조끼 착용은 필수! 바닥에 날카로운 산호초 조각이 널려 있으니 반드시 아쿠아 슈즈와 아쿠아 팬츠를 착용할 것.

TIP

비세마을 쪽에 무료 주차장이 있지만, 해변까지 걸어오려면 거리가 제법 된다. 스노클링을 하며 시간을 보낼 예정이라면 해변 앞 유료 주차장 이용을 추천한다. 비세자키 비치에는 샤워장도 있어 온수 샤워가 가능하다.

주차비 일 500엔 **온수 샤워** 어른 300엔

후쿠키야

フクギ屋

소박하지만 깊은 국물 맛을 느낄 수 있는 오키나와 소바와 고야(여주)를 주재료로 두부, 돼지고기, 달걀 등을 넣은 볶음 요리, 타코라이스 등을 맛볼 수 있다. 현지인들이 즐겨 찾는 식당이기도 해서 식사시간에는 대기가 있는 편이지만 회전이 빠른 편이라 기다릴 만하다. 추라우미 수족관, 에메랄드 비치, 후쿠기 가로수길은 여행한다면 들르기 좋을 식당이다.

맵코드 553 105 564*24 **전화** 098-043-5001 **운영** 11:30~14:30 **휴무** 목 **주차장** 무료(비세마을 주차장 이용) **가는 방법** 추라우미 수족관에서 차로 5분, 비세마을 후쿠기 가로수길 주차장에서 도보 1분.

추라우미 카페

美ら海 café

비세마을 입구, '후쿠키야' 식당과 마주하고 있는 카페다. 카페지만 햄버거, 소바, 타코라이스 등 식사류도 함께 판매한다. 소바와 타코라이스를 함께 먹을 수 있는 정식 메뉴를 추천한다.

맵코드 553 105 595*64 **전화** 098-043-1271 **운영** 11:00~17:00 **휴무** 연중무휴 **주차장** 무료(비세마을 주차장 이용) **가는 방법** 추라우미 수족관에서 차로 5분, 비세 후쿠기 가로수길 주차장에서 도보 1분.

히지폭포

比地大滝 Hiji Waterfall 히지오타키

얀바루를 체험할 수 있는 트레킹 코스로 오키나와의 최고봉인 요나하산 与那覇岳(503m) 자락에 위치한다. 매표를 하고 입구로 들어서 초록초록한 이끼들과 아열대 식물이 가득한 캠핑장을 지나 약 40분가량 걸으면 오키나와에서 수량이 가장 풍부하다고 알려진 히지 폭포를 만날 수 있다. 폭포까지 이르는 트레킹 코스는 두 사람이 나란히 걷기에는 빡빡한 편. 계곡 물소리를 따라 호젓하게 걷기에 좋다. 경사는 비교적 완만한 편이지만 곳곳에 계단이 있어 마지막 15분가량은 오르락내리락을 반복한다. 높이 25.7m의 폭포는 장관이라기에는 살짝 아쉬운 수준이지만 충분히 시원하게 내리꽂힌다. 산책로는 잘 관리되고 있지만, 데크가 낡아 있는 부분들이 있으니 주의하자. 트레킹화나 운동화를 신는 것이 좋다. 입장 마감 시간에 유의하자.

홈페이지: http://hiji.yuiyui-k.jp **맵코드** 485 771 741*45 **전화** 098-041-3636 **운영** 4월 1일~10월 31일 09:00~16:00(폐문 18:00), 11월 1일~3월 31일 09:00~15:00(폐문 17:30) **휴무** 연중무휴 **요금 입장료** 500엔 **주차장** 있음(무료) **가는 방법** ① 나하 공항에서 고속도로 이용 시 1시간 50분. ② 쿄다IC에서 차로 45분. ③ 나하에서 111번 고속버스 승차, 나고 버스터미널에서 내려 67번 버스로 환승 후 오쿠마 해변 이리구치에서 하차.

TIP

히지 폭포 캠핑장

히지 폭포가 있는 산림공원 입구에 캠핑 장소가 마련되어 있다. 캠핑장 옆 계곡에서는 물놀이까지 즐길 수 있어 현지인들도 휴가를 즐기기 위해 많이 찾는다. 숙박이 가능하고 예약은 전화로 가능하다. 물놀이 구역 외 수영, 낚시가 금지되어 있고 화장실, 샤워실은 24시간 이용 가능하다.

예약 전화 098-041-3636
요금 텐트 1개 2,000엔

세소코 비치

瀬底ビーチ

북부 모토부 반도와 세소코섬 瀬底島은 1985년에 세소코 대교로 연결된 후 드라이브 코스로 유명해졌다. 교각 위에서는 주정차가 금지되어 있고 섬 둘레는 8km에 불과해 자동차로 15분 정도면 일주가 가능하다. 섬의 서쪽에는 물이 맑아 스노클링 포인트로 유명한 세소코 비치가 있다. 새하얀 해변이 700m가량 펼쳐진 세소코 비치는 산호 군락이 넓게 펼쳐져 있어 스노클링을 즐기기 좋고 수심이 깊지 않아 아이를 동반한 가족 여행객들이 즐기기 좋다. 일몰 감상 스폿으로도 인기가 있다.

홈페이지 www.sesokobeach.jp **맵코드** 206 822 365*25 **전화** 098-047-7433 **운영** 4~10월 09:00~17:00(7~9월 ~17:30) **주차장** 승용차 1,000엔 **가는 방법** 나하 공항에서 고속도로 이용 시 1시간 35분.

TIP

세소코 비치 이용료

온수 샤워장 500엔
코인 라커 200엔
바나나보트 스노클링 어른 6,000엔, 어린이 5,500엔
바나나보트 어른 2,500엔, 어린이 2,000엔
SEA WALK 8,000엔(8세 이상 가능)

나고 파인애플파크

ナゴパイナップルパーク

오키나와의 특산품인 파인애플을 주제로 하는 테마파크다. 입구에 커다란 파인애플 모형이 있다. 입장하면 파인애플 모양의 관람차를 타고 파인애플 농원을 한 바퀴 돈 후 내부로 들어가 돌아볼 수 있다. 100여 종의 다양한 파인애플이 자라는 모습과 1,000여 종의 아열대 식물이 가득한 농원 내부를 모두 둘러보는 데 1시간 이상 소요된다. 안으로 들어가면 다양한 모양의 조개를 전시하는 패류 전시관, 시식과 시음 코너, 기념품 판매장 등이 있다. 와인, 주스, 파인애플 등의 구입이 목적이라면 카트를 타지 말고 와인 공장을 통해 기념품 쇼핑 코너로 갈 수 있다.

홈페이지 www.nagopain.com **맵코드** 206 716 467*85 **전화** 098-053-3659 **운영** 10:00~18:00 (입장 마감 17:30) **휴무** 연중무휴 **요금** 어른(16세 이상) 1,200엔, 어린이(4~15 세) 600엔, 4세 미만 무료 **주차장** 있음(무료) **가는 방법** 나하 공항에서 고속도로 이용 시 1시간 15분, 추라우미 수족관에서 차로 30분

21세기의 숲 해변

21世紀の森ビーチ 니주잇세키노모리비치

나고시 名護市에서 운영하는 다목적 체육공원이 있는 인공 해변이다. 주변에는 야구장, 축구장, 테니스코트, 야외무대 등이 있어 주민들이 산책과 운동을 즐기는 공간이다. 조수간만의 영향이 작아 어린이들이 놀기 좋지만 인공 해변이기 때문에 스노클링을 해도 볼거리는 없다. 비치 센터에 샤워장, 코인 라커가 있고 파라솔, 비치 의자, 튜브 등을 대여할 수 있다. 해변을 걷거나 햇볕을 즐기기에 좋은 장소이고 인근의 맥스밸류 MaxValu나 이온 AEON에서 도시락 등의 먹거리를 준비해 시간을 보내도 좋다.

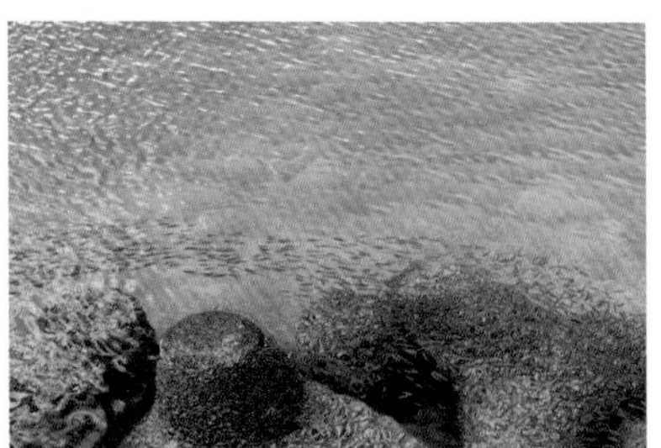

수영 가능 기간 : 5~9월 09:00~18:30

홈페이지 www.city.nago.okinawa.jp/kurashi/2018071901650 **맵코드** 206 626 407*41 **전화** 098-052-3183 **운영** 09:00~21:00 **휴무** 연중무휴 **주차장** 있음(무료) **가는 방법** 나하 공항에서 고속도로 이용 시 1시간 10분, 추라우미 수족관에서 차로 30분.

오키나와 후르츠랜드

トロピカル王国 OKINAWAフルーツらんど

아열대 자연을 체험할 수 있는 테마공원이다. 열대과일이 가득한 후르츠 존, 일본 최대의 나비가 날아다니는 나비 존, 아열대의 알록달록한 새들을 만날 수 있는 버드 존 등 3가지 테마로 나뉘어 있다. 왕을 구하는 데 필요한 19개의 과일 마법과 4개의 열쇠 표식을 모으면서 스토리를 따라 스탬프를 찍으며 시설을 둘러볼 수 있다. 후르츠 존에는 바나나, 망고, 파인애플, 파파야, 시콰사 シークワーサー 등 오키나와의 열대과일이 주렁주렁 열려 있고 기념품 숍에서는 열대과일을 비롯해 과일을 이용한 젤리, 과자 등을 구입할 수 있다.

홈페이지: www.okinawa-fruitsland.jp **맵코드** 206 716 585*30 **전화** 098-052-1568 **운영** 10:00~18:00(입장 마감 17:30) **휴무** 연중무휴 **요금** 어른(고등학생 이상) 1,200엔, 어린이(4세~중학생) 600엔 **주차장** 있음(무료) **가는 방법** 나하 공항에서 고속도로 이용 시 1시간 15분, 추라우미 수족관에서 차로 30분.

오리온 해피 파크

オリオンハッピーパーク

오키나와의 맥주 브랜드인 '오리온 맥주'를 만드는 공장이다. 오리온 맥주는 원래 오키나와가 미국의 통치를 받던 1975년에 구시켄 소세이가 나고시에 '오키나와 맥주 주식회사'라는 이름으로 설립했었다. 2년 후 공모전을 통해 오리온 맥주라는 이름과 함께 제품이 출시되었고 그다음 해에 지금의 오리온 드래프트 맥주가 탄생했다고 한다.

오리온 맥주가 만들어지는 과정을 견학하고 시음하는 이벤트를 즐길 수 있다. 맥주는 그야말로 신선도가 생명! 공장 견학 후 맛보는 생맥주는 풍미가 다르다. 약 40분가량 제조공정을 견학하고 20분 정도 시음 시간을 준다. 운전을 해야 한다면 아쉽지만 알코올이 없는 맥주나 음료를 선택하면 된다. 홈페이지에서 사전 예약이 필요하다. 2층 시음 장소 옆에는 기념품을 구입할 수 있는 오리지널 소품 숍과 갤러리도 있다.

홈페이지 www.orionbeer.co.jp/happypark **맵코드** 206 598 867*32 **전화** 098-054-4103 **운영** 09:30~16:30 **휴무** 화, 수 **요금** 성인(18세 이상) 500엔, 7~17세 200엔, 6세 미만 무료 **주차장** 있음(무료) **가는 방법** 나하 공항에서 고속도로 이용 시 1시간 5분, 추라우미 수족관에서 차로 35분.

TIP

견학 프로그램

운영 09:00~16:00(30분 간격) **예약** 무료(현장에서 입장권 결제), 최소 2주 전 예약 추천 **해설** 일어로 진행 (외국인에게는 언어에 맞는 번역본 리플릿 제공)

네오파크 오키나와

ネオパークオキナワ

아프리카 플라밍고 호수, 남미 아마존 열대우림, 오세아니아 사바나 등을 테마로 동식물을 자연 그대로 보여주는 테마파크다. 입장하면 자연에 가까운 상태로 동식물을 방목 사육하고 있어 정말 코앞에서 마주할 수 있다. 먹이를 주는 관광객들 덕분에 동물들이 따라다니기도 하니 당황하지 말자. 원내에는 1914년에 오키나와현 최초로 나하~요나바루 구간을 달렸던 경편 철도 軽便鉄道 기관차가 끄는 관광 열차가 있다. 열차는 10:00~17:00 사이 매시 정각과 30분에 출발하며 20분간 1.2km를 주행한다.

홈페이지 www.neopark.co.jp **맵코드** 206 689 725*11 **전화** 098-052-6348 **운영** 09:30~17:30 **휴무** 연중무휴 **요금** 성인 1,300엔(중학생 이상), 어린이(4세~초등학생) 700엔 **주차장** 있음(무료) **가는 방법** 나하 공항에서 고속도로 이용 시 1시간 10분, 파인애플파크에서 차로 6분.

TIP

오키나와 경편 철도

운영 승차시간: 평일 10:30~17:00
요금 어른(중학생 이상) 700엔, 어린이(4세~초등학생) 500엔

이온 나고점

イオン名護店

오키나와 북부 지역에서 가장 규모가 큰 대형 쇼핑몰이다. 블루실, ABC마트, 롯데리아 등의 매장이 있다. 인근 58번 국도 오키타 교차로 부근에는 이온과 유사하게 24시간 영업하는 맥스밸류 나고점도 있고, 모스버거, KFC, 요시노야 등의 패스트푸드점이 몰려 있다. 나고 지역에서 숙박을 한다면 장을 보거나 쇼핑하기 좋다.

홈페이지 www.aeon-ryukyu.jp **맵코드** 206 688 613*28 **전화** 098-054-8000 **운영** 08:00~23:00 **휴무** 연중무휴 **요금** 상점마다 상이 **주차장** 있음(무료) **가는 방법** 나하 공항에서 고속도로 이용 시 1시간 15분, 파인애플파크에서 차로 5분.

REST AREA

북부의 휴게소

오키나와의 고속도로 휴게소는 미치노에키 道の駅라 부른다. 북부로 가는 길에 있는 휴게소 중 쿄다와 유이유이쿠니가미는 많은 관광객이 몰리기로 유명하다. 휴게소마다 다른 먹거리를 맛볼 수 있고 주요 볼거리 할인 입장권도 구매가 가능하니 구경삼아 잠시 들러도 좋다.

쿄다 휴게소

道の駅 許田 미치노에키 쿄다

연간 150만 명이 넘는 관광객이 들르는 오키나와의 미치노에키 중 가장 유명하다. 공항에서 렌터카를 찾아 바로 북부로 출발했다면 쉬어 가기 좋은 휴게소다. 전기자동차 충전소, 농산물 및 토산품 매장, 레스토랑 등이 갖춰져 있다. 특히 오키나와 원유 100%로 만든 오빠 おっぱ 아이스크림과 인근 바다에서 잡은 해산물로 만든 스시, 사시미, 성게 덮밥 등을 먹을 수 있는 류구센교텐 龍宮鮮魚店이 인기다. 건물 안쪽에 있는 매점에서는 추라우미 수족관이나 파인애플파크 입장권을 할인된 가격에 구입할 수 있다.

홈페이지 https://www.yanbaru-b.co.jp **맵코드** 206 476 705*16 **전화** 098-054-0880 **운영** 08:30~19:00(상점마다 다름) **휴무** 연중무후 **주차장**: 있음(무료)

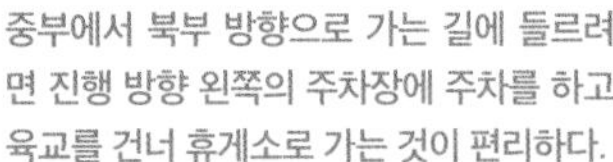

TIP

중부에서 북부 방향으로 가는 길에 들르려면 진행 방향 왼쪽의 주차장에 주차를 하고 육교를 건너 휴게소로 가는 것이 편리하다.

유이유이쿠니가미 휴게소

道の駅 ゆいゆい国頭
미치노에키 유이유이쿠니가미

헤도곶으로 향하는 길목에 있는 마지막 휴게소다. 알파인 하우스 모양의 휴게소 건물 안으로 들어가면 각종 특산물과 기념품을 판매하고 레스토랑 쿠이나 くいな에서는 식사도 가능하다. 주차장 주변에는 열대과일 등을 취급하는 농산물 특설 매장이 있으며 멧돼지고기 요리를 전문으로 하는 레스토랑도 있다. 관광안내소에서는 무료 지도와 팸플릿도 받을 수 있다.

홈페이지 https://www.yuiyui-k.jp **맵코드** 485 830 347*50 **전화** 098-041-5555 **운영** 09:00~18:00 **휴무** 연중무휴 **주차장** 있음(무료) **가는 방법** 쿄다 휴게소에서 차로 30분, 헤도곶까지 차로 25분.

부부테이

ぶーぶう亭

갓 튀겨낸 돈가스를 먹을 수 있는 집으로, 일본식 돈가스라기보다 우리나라의 왕돈가스에 더 가깝다. 주문 즉시 조리하기 때문에 시간이 좀 걸리는 편이다. 사시미 몇 조각과 함께 주문할 수 있는 메뉴가 있고 현금 결제만 가능하다. 주차가 가능하지만 3대만 가능하고 공간이 좁아 쉽지 않다. 사진이 함께 있는 메뉴판을 달라고 요청하자. 주문이 한결 편리하다.

맵코드 206 659 065*34 **전화** 098-053-4601 **운영** 11:30~21:00, 브레이크 타임 14:00~18:00 **휴무** 일요일 **주차장** 있음(무료, 3대 가능) **가는 방법** 오리온 해피 파크에서 차로 3분, 추라우미 수족관에서 차로 35분.

카진호

花人逢

야에다케산 중턱에 오키나와 민가를 개조해 만든 피자 전문점으로 피자집 전망이 이래도 되나 싶은 풍광을 볼 수 있다. 오키나와의 경치를 한눈에 내려다볼 수 있는 곳에서 피자, 샐러드, 생과일주스를 먹으며 시간을 보낼 수 있다. 메뉴가 단 한 가지, 피자뿐이라는 점이 유일한 단점이다. 유명 카페답게 식사시간이 아니어도 대기가 있는 편이지만 멋진 풍경을 감상하며 기다리다 보면 금방 차례가 온다. 매장 입구에 이름과 대기 인원수를 적어두면 된다.

홈페이지 http://kajinhou.com **맵코드** 206 888 669*22 **전화** 098-047-5537 **운영** 11:30~19:00 **휴무** 화, 수 **주차장** 있음(무료) **가는 방법** 추라우미 수족관에서 차로 13분, 파인애플파크에서 차로 20분.

아넷타이차야

亜熱帯茶屋

전망과 분위기 맛집으로 유명한 브런치 카페다. 전망이 좋은 만큼 가는 길에 경사가 있어 운전 난이도가 높은 편이므로 주의하자. 지대가 높아 바람이 불기 시작하면 정신을 쏙 빼놓을 지경이지만 그럼에도 불구하고 야외 테라스석을 차지하기 쉽지 않다. 이에섬, 미나미섬이 내려다보이는 풍광을 보며 아시안 음식과 차를 마실 수 있다.

홈페이지: https://anettaichaya.business.site **맵코드** 206 888 518*51 **전화** 098-047-5360 **운영** 11:00~17:30 **휴무** 목요일 **주차장** 있음(무료) **가는 방법** 추라우미 수족관에서 차로 12분, 파인애플파크에서 차로 19분.

캡틴 캥거루

Hamburger Captain Kangaroo

나고시에서 손꼽히는 바다 전망의 수제 햄버거집이다. 본점은 오사카에 있고 일본의 '바비큐 최강 왕자 결정전'에서 1등을 한 이력도 있다. 주문 즉시 패티를 빚어 굽기 때문에 음식이 나오는 데 시간이 좀 걸리는 편이지만 깊은 풍미와 풍부한 육즙이 그 기다림을 충분히 보상해준다. 재료가 소진되면 영업시간이 남았더라도 문을 닫는다.

페이스북 captainkangaroo84 **맵코드** 206 625 876 **전화** 098-043-7919 **운영** 11:00~17:00 **휴무** 연중무휴 **주차장** 있음(무료) **가는 방법** 추라우미 수족관에서 차로 17분, 파인애플파크에서 차로 14분.

야치문킷사시사엔

やちむん喫茶シーサー園

오키나와를 배경으로 하는 드라마와 영화에 자주 등장하는 카페로 우리나라 드라마 '괜찮아 사랑이야'에도 등장했다. 2층 테라스석에 다양한 모습으로 앉아 있는 시사 シーサー를 감상하며 차와 간식을 즐길 수 있다. 생과일주스, 커피, 오키나와식 팥빙수 젠자이, 부침개 등의 메뉴가 있다. 테라스가 오픈형이고 주변은 나무가 많은 숲속이라 모기퇴치제를 준비하거나 긴 옷을 준비하면 좋다.

맵코드 06 803 724 **전화** 098-047-2160 **운영** 11:00~17:00 **휴무** 일, 월, 화 **주차장** 있음(무료) **가는 방법** 추라우미 수족관에서 차로 25분, 파인애플파크에서 차로 10분.

키시모토 식당 본점

手打ちそば きしもと食堂

1905년에 문을 연 오키나와 북부를 대표하는 소바집으로 일본 현지인들도 즐겨 찾는 식당이다. 3대째 내려오는 전통 기법을 고수해 가츠오부시와 돼지 뼈를 넣어 우려낸 진한 국물과 직접 뽑아낸 탱탱한 면발이 특징이다. 크기에 따라 대, 소로 나뉜다. 오키나와 영양밥인 주시 じゅーしー는 별미이니 꼭 맛보길 추천한다. 입구에 비치된 자동판매기에서 식권을 구입하고 직원에게 건넨 후 자리를 배정받아 앉아 있으면 음식을 가져다준다. 현금 결제만 가능하다. 본점에서 차로 5분 거리에 분점(야에다케점 八重岳店)이 있다. 본점에 비해 덜 기다리고 주차 공간도 많은 편이다.

맵코드 본점 206 857 682*21 / 분점 206 859 346*10 **전화** 098-047-2887 **운영** 11:00~17:00 **휴무** 수 **주차장** 있음(무료) **가는 방법** 추라우미 수족관에서 차로 11분.

얀바루 소바

山原そば

1973년 문을 연 오키나와 소바 전문점으로 허름한 외관의 가정집처럼 생겼지만 오키나와에서 꼭 들러봐야 할 대표적인 소바 맛집이다. 돼지 뼈와 가다랑어포를 우려내 깊으면서도 깔끔한 국물이 일품이다. 메뉴는 갈비뼈가 얹어져 나오는 갈비 소바(소키소바 ソーキそば)와 삼겹살 소바(산마이니쿠소바 三枚肉そば), 어린이 소바뿐이며 양에 따라 대, 소로 나뉜다. 재료 소진 시 영업이 종료되니 꼭 맛보고 싶다면 오픈 시간에 맞춰 가길 추천한다.

맵코드 206 83 544*57 **전화** 098-047-4552 **운영** 11:00~15:00 **휴무** 월, 화 **주차장** 있음(무료) **가는 방법** 추라우미 수족관에서 차로 25분, 파인애플파크에서 차로 7분.

코우리 슈림프왜건
KOURI SHRIMP

푸드 트럭으로 시작했던 가게가 지금은 어엿한 매장이 되었다. 과거에 이용하던 예쁜 푸드 트럭을 마당에 두고 사진 스폿으로 활용하고 있다. 음식 맛보다 사진 맛집이라는 후기들도 있는 편. 밥이 함께 나오기는 하지만 식사 대신이라기보다 가벼운 요기로 적당한 편이다. 테이크아웃으로 포장해 해변에서 먹기도 좋다. 3층으로 이루어진 건물 1층의 키오스크에서 주문을 하고 2층으로 올라가 번호가 화면에 나타나면 음식을 받는다. 각 층과 야외에 먹을 수 있는 공간이 있는데, 특히 3층 옥상 테라스를 추천한다.

홈페이지 https://lovesokinawa.co.jp **맵코드** 485 692 173*46 **전화** 050-5462-0496 **운영** 11:00~18:00 **휴무** 월 **주차장** 있음(무료) **가는 방법** 추라우미 수족관에서 차로 30분, 파인애플파크에서 차로 20분.

온 더 비치 카페
On the Beach CAFE

바다 바로 앞에 위치한 카페라 살짝 시골길 같은 진입로를 한참 들어가야 닿을 수 있다. 나키진 지역의 해변을 정면으로 마주하고 있는 카페로 전석 오션 뷰. 끝 간 데 없이 펼쳐지는 에메랄드빛 바다를 바라보며 오키나와 식재료를 사용한 요리, 디저트, 열대음료를 맛볼 수 있다. 커피 종류를 주문하면 자판기에서 직접 담아 먹을 수 있게 컵을 준다. 전망에 비해 음식은 조금 아쉬운 편이다.

홈페이지 https://taiken-jp.net/obcafe **맵코드** 26.7018848,127.923801 **전화** 098-056-4560 **운영** 11:00~18:00(주문 마감 17:00) **휴무** 연중무휴 **주차장** 있음(무료) **가는 방법** 추라우미 수족관에서 차로 7분, 코우리 대교까지 차로 15분.

카페 1층에서 시사 만들기 체험이 가능해요.

우후야

大家

1901년 메이지 시대 후기에 지어진 전통 가옥을 개조해 운영하는 레스토랑이다. 일본 사극에서 볼 수 있는 고풍스러운 분위기와 시원한 폭포 소리를 들으며 오키나와 흑돼지인 아구 アグー와 오키나와 소바 등을 즐길 수 있다. 우리나라 드라마와 예능 프로그램에 자주 등장해 한국 사람들이 많이 찾는 식당이기도 하다. 점심 메뉴는 오키나와 전통 흑돼지 요리인 아구덮밥, 아구소바 세트 등이 있고 저녁은 샤부샤부 코스 요리만 주문이 가능하다.

태블릿에 인원수를 입력하고 대기번호를 발급받아 기다리다 보면 좌석을 안내해준다. 좌석에 앉아 좌석 번호가 포함된 QR로 주문하면 된다.

TIP

오키나와에서 아구 あぐー는 생선이 아니라 돼지고기 품종을 말한다. 구이뿐만 아니라 샤부샤부로 먹을 정도로 소고기처럼 좋은 육질을 가지고 있다. 오키나와 아구는 제주도의 흑돼지와 비슷하다.

홈페이지 https://ufuya.com **맵코드** 06 745 024*02 **전화** 098-053-0280 **운영** 11:00~20:00, 브레이크 타임 15:30~18:00 **휴무** 연중무휴 **주차장** 있음(무료) **가는 방법** 나하 공항에서 고속도로 이용 시 1시간 10분, 파인애플파크에서 차로 6분.

미야자토 소바

宮里そば

현지인들이 즐겨 찾는 소바 전문점이다. 허름한 외관에 테이블을 덮고 있는 빨간 체크무늬 식탁보는 촌스러우면서도 정겹다. 가다랑어포와 다시마로 우려낸 깊고 깔끔한 국물의 오키나와 소바가 대표 메뉴이고 갈비뼈가 올려져 나오는 갈비 소바, 삼겹살 소바, 다시마 소바 등이 있다. 21세기의 숲 해변과 가까워 들러보기 좋다. 재료 소진 시 영업을 종료한다.

맵코드 206 626 741*25 **전화** 098-054-1444 **운영** 10:00~16:30 **휴무** 일 **주차장** 있음(무료) **가는 방법** 나하 공항에서 고속도로 이용 시 1시간 6분, 파인애플파크에서 차로 6분.

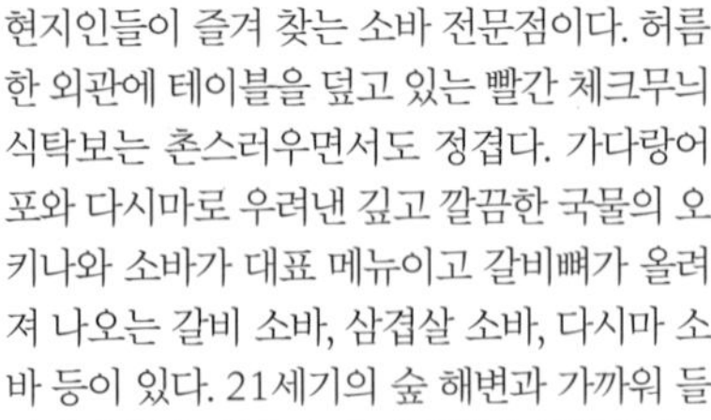

히가시 식당

ひがし食堂

한적한 주택가 학교 뒷골목에 위치한 작은 식당으로 그야말로 동네 사람들이 찾는 동네 맛집이다. 불량식품처럼 보이지만 알록달록한 삼색빙수가 있는 식당으로 유명하지만 두부 찬푸르 정식 トーフチャンプルー을 비롯해 오키나와 소바, 돈가스 등 다양한 식사 메뉴를 맛볼 수 있다. 셔벗 같은 삼색빙수와 함께 고소한 풍미가 느껴지는 밀크젠자이 ミルクぜんざい(우유빙수)도 인기가 있다.

맵코드 206 628 175*18 **전화** 098-053-4084 **운영** 11:00~18:00 **휴무** 연중무휴 **주차장** 있음(무료) **가는 방법** 나하 공항에서 고속도로 이용 시 1시간 5분, 오리온 해피 파크에서 도보 5분.

단보라멘 (나고점)

ラーメン 暖暮 名護店

큐슈라멘 투표에서 1위를 차지해 현지인들도 많이 찾는 라멘집이다. 후쿠오카에 본점을 두고 있고 나고점은 일본 전체에 있는 6개의 지점 중 한 곳이다. 자판기에서 라멘을 주문하고 자리에 앉은 후 오더시트에 맵기, 면 익힘 정도, 국물 진하기, 파 유무 등을 선택하면 된다. 한국어로도 적혀 있어 편리하다. 추라우미 수족관, 오리온 해피 파크 등 북부의 주요 관광지로 가는 길목에 위치한다.

홈페이지 http://ramendanbo.okinawa **맵코드** 206 598 342*25 **전화** 098-043-5503 **운영** 10:00~24:00 **휴무** 연중무휴 **주차장** 있음(무료) **가는 방법** 파인애플파크에서 차로 11분, 오리온 해피 파크에서 차로 4분.

블루실 아이스크림 나고점

Blue Seal Ice Cream 名護店

오키나와현 본섬 내 유일한 북부 직영점이다. 블루실 매장 중에서도 규모가 큰 편이고 추라우미로 갈 때 지나는 위치에 있어 들르기 좋다. 넓은 점내에 포토존, 키즈 스페이스와 티셔츠, 수건 등 굿즈를 판매하고 있어 쇼핑도 가능하다.

홈페이지 https://MAP.blueseal.co.jp **맵코드** 206 568 579*33 **전화** 098-051-1339 **운영** 11:00~21:00 **휴무** 연중무휴 **주차장** 있음(무료) **가는 방법** 파인애플파크에서 차로 11분, 오리온 해피 파크에서 차로 4분

TIP

블루실은 1948년 오키나와 미군 시설 내에서 창업해 현지인에게 사랑받고 있는 아이스크림 전문점이다. 오키나와 여행을 간다면 꼭 먹어봐야 할 음식 중 하나로 꼽힌다. 오리지널 레시피 베이스에 아메리칸 스타일부터 오키나와현산 재료와 풍미를 살린 스타일까지 종류가 다양하다. 젤라토처럼 쫀득한 식감에 과하게 달지 않아서, 생각보다 임팩트가 강하진 않지만 먹으면 먹을수록 당기는 맛이다. 매장에 일부러 들르지 않아도 호텔 조식이나 편의점 등에서 쉽게 맛볼 수 있다.

레스토랑 플리퍼

Restaurant Flipper

북부 지역에서 손꼽히는 스테이크 레스토랑이다. 가격 대비 고기의 질이 좋고 홀이 넓은 편이라 여유 있게 앉아 식사를 즐길 수 있다. 스테이크 외에도 어린이 런치 메뉴와 맥주, 와인, 아이스크림 등도 판매한다. 테이블과 좌식 테이블이 있어 어린아이를 동반한 가족 단위로 찾기에도 좋다. 현금 결제만 가능하다. 주문은 스테이크 선택→ 굽기 정도(미디엄, 미디엄 웰던, 웰던)→ Rice or Toast→ 음료(커피, 티, 오렌지주스 중 택 1) 순서로 하면 된다.

홈페이지 http://flipper1971.com **맵코드** 26.5947486,127.9593422 **전화** 098-052-5678 **운영** 11:00~16:00(라스트 오더 15:30) **휴무** 연중무휴 **주차장** 있음(무료) **가는 방법** 추라우미 수족관에서 차로 28분, 파인애플파크에서 차로 6분.

A&W 나고점

A&W 名護店

1919년 미국에서 시작됐고 1963년 11월 1일에 오키나와에서 문을 연 미국의 드라이브 인 패스트푸드 레스토랑 체인이자 루트 비어 브랜드다. 이제 미국에서는 거의 찾아볼 수가 없고 오키나와에만 약 20개의 지점을 가지고 있다. 대부분 07:00에서 09:00 사이에 문을 열고 자정쯤에 문을 닫는데, 24시간 영업하는 지점도 3곳이나 있다. 매장 내부는 전체적으로 1950~1960년대 배경의 미국 영화에 나올 법한 분위기인데, 곳곳에 일본어로 된 안내판이 있는 풍경이 합쳐져 묘한 느낌을 낸다. 시그니처 메뉴인 A&W 버거는 깨가 잔뜩 뿌려진 빵 사이로 소고기 패티와 베이컨, 상추와 토마토가 있고, 두터운 모차렐라 치즈가 감칠맛을 더한다. 별미인 시그니처 음료 '루트 비어'도 맛보자.

A&W 1호점은 오키나와현 중부의 오키나와시에 있는 야기바루점 屋宜原店 (Yagibaru Branch)이다.

홈페이지 https://www.awok.co.jp **맵코드** 206 598 041*11 **전화** 098-052-4909 **운영** 24시간 **휴무** 연중무휴 **주차장** 있음(무료) **가는 방법** 파인애플파크에서 차로 13분, 쿄다 휴게소에서 차로 8분.

TIP

루트 비어는 이름과는 다르게 알코올이 전혀 들어 있지 않은, 맥주가 아닌 음료다. 1919년 약국 점원이었던 로이 알렌이라는 청년은 아픈 친구를 위해 약을 만들어 주었다. 여러 약초와 뿌리 식물의 에센스를 조합하여 음료처럼 마실 수 있도록 만들어 주었는데 이것이 점차 약보다는 음료로 애용되면서 인기를 끌었다. 비알코올 음료지만 맥주라는 이름을 붙인 이유는 당시가 미국 금주법 시대에 '비어'라고 이름을 붙여 판매하면서 판매량이 늘고 매출이 좋아져 루트 비어라는 이름이 되었다고 한다(1920년부터 1933년까지 미국은 술의 제조나 판매, 운반을 헌법으로 금지했다).

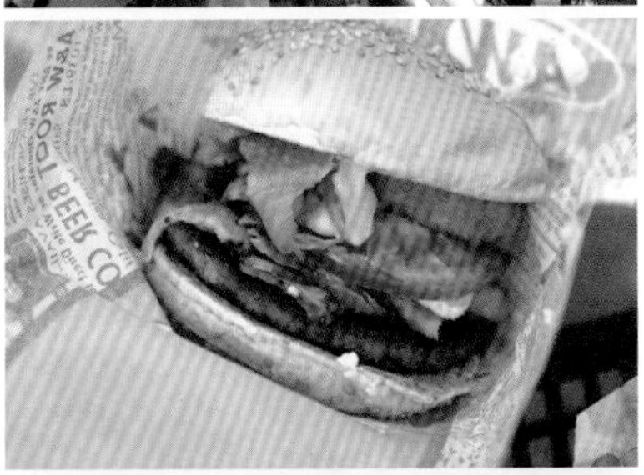

TIP

드라이브 인 vs 드라이브 스루

드라이브 스루 Drive-Thru는 한 방향으로 차가 들어간 후 마이크로폰으로 주문하면 창문을 통해 점원이 상품을 내어 주지만, 드라이브 인 Drive-In은 우선 주차장에 주차하고 마이크로폰으로 주문하면 점원이 직접 나와 상품을 건네준다.

오키나와 숙소

Okinawa Accommodations

오키나와 숙소

많고 많은 게 숙소지만 적절한 가격대의 괜찮은 숙소가 마냥 남아있을 리 없다. 날짜가 정해졌다면 되도록 빨리 예약하는 것이 방법이다. 대부분의 호텔은 호텔 예약 전문 사이트나 어플과 제휴하여 조식, 석식, 해양스포츠, 수영장 등의 플랜에 따라 다른 가격을 책정하는데 각 사이트의 이벤트나 혜택에 따라 가격이 조금씩 다를 수 있으니 비교해보는 것이 중요하다. 간혹 호텔의 홈페이지를 통해 직접 예약할 경우 더 저렴할 수 있으니 비용을 아끼고 싶다면 번거롭더라도 확인해보자.
오키나와의 호텔은 2인실이라 해도 1인이 예약할 경우 가격이 저렴해지기 때문에 인원수를 정확히 입력하는 것이 중요하다. 2인으로 예약하면 기본적으로 트윈 베드다. 더블 베드가 없는 숙소가 생각보다 많으니 사전에 베드 형태 확인이 필요하다. 숙소에 따라 초등학생이나 유아의 나이 기준이 다르고 투숙 기준도 다르니 해당 숙소의 규정을 꼭 확인해야 한다.

❶ 디파짓

오키나와의 호텔 중에 디파짓을 요구하는 호텔은 힐튼 계열뿐이다. 대부분 디파짓을 요구하지 않는다.

❷ 팁

일본은 팁 문화가 없다. 그래서 호텔에서 고마운 마음에 팁을 주려 해도 대부분 거절한다. 청소하는 직원을 위해 팁을 두고 나가도 가져가지 않는다. 억지로 주려고 하는 건 상대에게 무례하게 보일 수 있으니 무리해서 건네지 않는 것이 좋다.

❸ 지역별 추천 호텔 리스트

* 호텔명은 구글 표기법을 따랐습니다.
* 구글에서 한글 검색이 안 되는 호텔은 영문 또는 일본어로만 표기했습니다.
* 민숙은 우리나라의 펜션과 비슷한 일본식 소규모 숙박시설입니다.

나하

호텔 콜렉티브
ホテル コレクティブ
★★★★★

주소 2 Chome-5-7 Matsuo, Naha, Okinawa 900-0014
전화 098-860-8366
홈페이지 https://hotelcollective.jp
체크인 15:00 **체크아웃** 11:00

Hewitt Resort
ヒューイットリゾート那覇
★★★★★

주소 2 Chome-5-16 Asato, Naha, Okinawa 902-0067
전화 098-943-8325
홈페이지 https://hewitt-resort.com/naha
체크인 15:00 **체크아웃** 11:00

Okinawa Hinode Hotel
沖縄逸の彩ホテル
★★★★

주소 3 Chome-18-33 Makishi, Naha, Okinawa 900-0013
전화 098-863-8877
홈페이지 https://hinode-h.com/okinawa
체크인 15:00 **체크아웃** 11:00

하얏트리젠시 나하 오키나와
Hyatt Regency Naha, Okinawa
★★★★

주소 3 Chome-6-20 Makishi, Naha, Okinawa 900-0013
전화 098-866-8888
홈페이지 https://www.hyatt.com/hyatt-regency/en-US/okarn-hyatt-regency-naha-okinawa
체크인 15:00 **체크아웃** 11:00

호텔 그레이스리 나하
ホテルグレイスリー那覇
★★★★

주소 1 Chome-3-6 Matsuo, Naha, Okinawa 900-0014
전화 098-867-6111
홈페이지 http://gracery.com/naha
체크인 14:00 **체크아웃** 11:00

Nest Hotel Naha Kumoji
ネストホテル 那覇久茂地
★★★

주소 2 Chome-22-5 Kumoji, Naha, Okinawa 900-0015
전화 098-975-7385
홈페이지 https://www.nesthotel.co.jp/nahakumoji
체크인 15:00 **체크아웃** 11:00

알몬트 호텔 나하 겐초마에
アルモントホテル那覇県庁前
★★★

주소 1 Chome-3-5 Kumoji, Naha, Okinawa 900-0015
전화 098-866-3811
홈페이지 http://www.almont.jp/naha
체크인 14:00 **체크아웃** 11:00

알몬트 호텔 나하 오모로마치
アルモントホテル那覇おもろまち
★★★

주소 4 Chome-3-8 Omoromachi, Naha, Okinawa 900-0006
홈페이지 https://www.almont.jp/naha-omoromachi
체크인 14:00 **체크아웃** 11:00

토요코인 오키나와 나하 오모로마치 에키마에
東横INN那覇おもろまち駅前
★★★

주소 1 Chome-6-6 Omoromachi, Naha, Okinawa 900-0006
전화 098-862-1045
홈페이지 https://www.toyoko-inn.com/search/detail/00184
체크인 16:00 **체크아웃** 10:00

토요코인 오키나와 나하 코쿠사이도오리 미에바시 에키
★★

주소 1 Chome-20-1 Makishi, Naha, Okinawa 900-0013
전화 098-867-1045
홈페이지 https://www.toyoko-inn.com/search/detail/00055
체크인 16:00 **체크아웃** 10:00

그랜드컨소트나하
ホテル グラン コンソルト 那覇

주소 1 Chome-18-25 Matsuo, Naha, Okinawa 900-0014
전화 098-860-5577
홈페이지 https://consorthotels.co.jp/g-naha
체크인 15:00 **체크아웃** 11:00

오쿠마 프라이빗 비치 & 리조트
オクマ プライベートビーチ & リゾート
★★★★

주소 913 Okuma, Kunigami, Okinawa 905-1412
전화 098-041-2222
홈페이지 https://okumaresort.com
체크인 14:00 **체크아웃** 11:00

호텔 오리온 모토부 리조트 & 스파
オリオンホテル モトブ リゾート &スパ
★★★★

주소 148-1 Bise, Motobu, Kunigami, Okinawa 905-0207
전화 098-051-7300
홈페이지 www.okinawaresort-orion.com
체크인 14:00 **체크아웃** 11:00

힐튼 오키나와 세소코 리조트
ヒルトン沖縄瀬底リゾート
★★★★

주소 5750 Sesoko, Motobu, Kunigami, Okinawa 905-0227
전화 098-047-6300
홈페이지 www.hilton.com/en/hotels/okasehi-hilton-okinawa-sesoko-resort
체크인 15:00 **체크아웃** 11:00

알라 마하이나 콘도 호텔

アラマハイナ コンドホテル

★★★

주소 1421-1 Yamagawa, Motobu, Okinawa 905-0205
전화 098-051-7800
홈페이지 https://www.ala-mahaina.com
체크인 15:00
체크아웃 11:00

호시노 테라스 모토부 야마자토

星のテラスもとぶ山里

★★★

주소 1172-1 Yamazato, Honbu, Kunigami, Okinawa 905-0219
전화 098-047-7777
홈페이지 https://hoshino-terrace.com
체크인 15:00
체크아웃 10:00

호텔 루트-인 나고

ホテルルートイン名護

★★★

주소 5 Chome-11-3 Agarie, Nago, Okinawa 905-0021
전화 098-054-8511
홈페이지 www.route-inn.co.jp/hotel_list/okinawa/index_hotel_id_86
체크인 15:00 **체크아웃** 10:00

Little Island Okinawa Nago

★★★

주소 1219-376 Biimata, Nago, Okinawa 905-0005
전화 098-054-6505
홈페이지 www.littleislandokinawa.com/nago
체크인 15:00 **체크아웃** 10:00

Cuoreyui

クオーレユイ

민숙

주소 146-1 Koechi, Nakijin, Kunigami, Okinawa 905-0421
전화 090-4294-3580
홈페이지 없음
체크인 15:00 **체크아웃** 11:00

ONNA RESORT

恩納リゾート

주소 318-2 Umusa, Nago, Okinawa 905-0006
홈페이지 https://onna-resort.com
체크인 15:00 **체크아웃** 10:00

더 부세나 테라스

ザ・ブセナテラス
(The Busena Terrace)

★★★★★

주소 1808 Kise, Nago, Okinawa 905-0026
전화 098-051-1333
홈페이지 www.terrace.co.jp/busena
체크인 14:00 **체크아웃** 11:00

더 리츠 칼튼 오키나와
ザ・リッツ・カールトン 沖縄
★★★★★

주소 1343-1 Kise, Okinawa 905-0026
전화 098-043-5555
홈페이지 www.ritzcarlton.com/en/hotels/okarz-the-ritz-carlton-okinawa
체크인 15:00 **체크아웃** 12:00

오키나와 스파 리조트 EXES
★★★★★

주소 2592-40 Yashihara, Nakama, Onna, Kunigami, Okinawa 904-0401
전화 098-967-7500
홈페이지 https://exes-kariyushi.com
체크인 14:00
체크아웃 11:00

HOSHINOYA Okinawa
星のや沖縄
★★★★★

주소 474 Gima, Yomitan, Nakagami, Okinawa 904-0327
전화 050-3134-8091
홈페이지 https://hoshinoresorts.com/ja/hotels/hoshinoyaokinawa
체크인 15:00 **체크아웃** 12:00

더블트리 바이 힐튼 오키나와 차탄
ダブルツリーbyヒルトン沖縄北谷リゾート
★★★★

주소 43 Mihama, Chatan, Nakagami, Okinawa 904-0115
전화 098-901-4600
홈페이지 www.hilton.com/en/hotels/okadidi-doubletree-okinawa-chatan-resort
체크인 15:00 **체크아웃** 12:00

더 비치타워 오키나와
ザ・ビーチタワー沖縄
★★★★

주소 8-6 Mihama, Chatan, Nakagami, Okinawa 904-0115
전화 098-921-7711
홈페이지 https://dormy-hotels.com/resort/hotels/okinawa
체크인 15:00 **체크아웃** 11:00

리잔 씨파크 호텔 탄차베이
リザンシーパークホテル谷茶ベイ
★★★★

주소 1496 Tancha, Onna, Kunigami, Okinawa 904-0496
전화 098-964-6611
홈페이지 www.rizzan.co.jp
체크인 14:00 **체크아웃** 11:00

몬트레이 오키나와 스파 & 리조트
ホテルモントレ沖縄 スパ&リゾート Hotel Monterey Okinawa Spa&Resort
★★★★

주소 1550-1 Fuchaku, Onna, Kunigami, Okinawa 904-0413
전화 098-993-7111
홈페이지 https://www.hotelmonterey.co.jp/okinawa
체크: 14:00
체크아웃 11:00

베셀 호텔 캄파나 오키나와
ベッセルホテルカンパーナ沖縄
★★★★

주소 9-22 Mihama, Chatan, Nakagami, Okinawa 904-0115
전화 098-926-1188
홈페이지 www.vessel-hotel.jp/campana/okinawa
체크인 14:00 **체크아웃** 11:00

ANA 인터컨티넨탈 만자 비치 리조트
ANA InterContinental Manza Beach Resort, an IHG Hotel
★★★★

주소 2260 Serakaki, Onna, Kunigami, Okinawa 904-0493
전화 098-966-1211
홈페이지 www.ihg.com/intercontinental/hotels/us/en/okinawa/okaha/hoteldetail
체크인 15:00 **체크아웃** 11:00

오리엔탈 호텔 오키나와 리조트 & 스파
オリエンタルホテル 沖縄リゾート&スパ
★★★★

주소 1490-1 Kise, Nago, Okinawa 905-0026
전화 098-051-1000
홈페이지 https://okinawa.oriental-hotels.com
체크인 15:00 **체크아웃** 11:00

하얏트 리젠시 세라가키 아일랜드 오키나와
ハイアットリージェンシー 瀬良垣アイランド 沖縄
★★★★

주소 1108 Serakaki, Onna, Kunigami, Okinawa 904-0404
전화 098-960-4321
홈페이지 www.hyatt.com/hyatt-regency/en-US/okaro-hyatt-regency-seragaki-island-okinawa
체크인 15:00 **체크아웃** 11:00

호텔 니코 알리빌라
ホテル日航アリビラ
★★★★

주소 600 Gima, Yomitan, Nakagami, Okinawa 904-0393
전화 098-982-9111
홈페이지 www.alivila.co.jp
체크인 15:00 **체크아웃** 12:00

힐튼 오키나와 차탄 리조트
ヒルトン沖縄北谷リゾート
★★★★

주소 440-1 Mihama, Chatan, Nakagami, Okinawa 904-0115
전화 098-901-1111
홈페이지 www.hilton.com/en/hotels/okaochi-hilton-okinawa-chatan-resort
체크인 15:00 **체크아웃** 12:00

Kabira House
読谷村カービラハウス
★★★

주소 4802-1 Senaha, Yomitan, Nakagami, Okinawa 904-0325
전화 050-3569-8500
홈페이지 없음
체크인 15:00 **체크아웃** 11:00

호텔 선셋 잔파
ホテルサンセットZANPA
★★★

주소 17 Uza, Yomitan, Nakagami, Okinawa 904-0328
전화 098-923-2460
홈페이지 없음
체크인 15:00 **체크아웃** 11:00

La'gent Hotel Chatan
ラ・ジェント・ホテル 沖縄北谷
★★

주소 25-3 Mihama, Chatan, Nakagami, Okinawa 904-0115
전화 098-926-0210
홈페이지 https://lagent.jp/chatan
체크인 14:00 **체크아웃** 11:00

Sunset Beach House

주소 1574 Maeda, Onna, Kunigami, Okinawa 904-0417
전화 0901-945-4959
홈페이지 https://sunset-bh.com
체크인 15:00 **체크아웃** 11:00

Ryukyu Hotel & Resort Nashiro Beach
琉球ホテル&リゾート 名城ビーチ
★★★★★

주소 963 Nashiro, Itoman, Okinawa 901-0351
전화 098-997-5550
홈페이지 https://ryukyuhotel.kenhotels.com
체크인 15:00 **체크아웃** 11:00

류큐온천 세나가지마 호텔
琉球温泉 瀬長島ホテル
★★★★

주소 174-5 Senaga, Tomigusuku, Okinawa 901-0233
전화 012-050-4209
홈페이지 www.resorts.co.jp/senaga?utm_source=google&utm_medium=mybusiness
체크인 15:00 **체크아웃** 11:00

Hyakuna Garan
百名伽藍
★★★★

주소 1299-1 Hyakuna Yamashitahara, Tamagusuku, Nanjo Okinawa 901-0603
전화 098-949-1011
홈페이지 www.hyakunagaran.com
체크인 15:00 **체크아웃** 11:00

유인치 호텔 난조
ウェルネスリゾート沖縄 ユインチホテル南城
★★★

주소 Shinzato-1688 Sashiki, Nanjo, Okinawa 901-1412
전화 098-947-0111
홈페이지 www.yuinchi.jp
체크인 15:00 **체크아웃** 11:00

INDEX

ㅂ

ㅅ

ㅇ

ㅈ

ㅊ

ㅋ

ㅌ

ㅍ

ㅎ

기타

프렌즈 시리즈 09

프렌즈 오키나와

발행일 | 초판 1쇄 2024년 11월 15일

지은이 | 이주영

발행인 | 박장희
대표이사·제작총괄 | 정철근
본부장 | 이정아
파트장 | 문주미

기획위원 | 박정호

마케팅 | 김주희, 이현지, 한륜아
디자인 | onmypaper
표지 디자인 | 변바희, 김미연

발행처 | 중앙일보에스(주)
주소 | (03909) 서울시 마포구 상암산로 48-6
등록 | 2008년 1월 25일 제2014-000178호
문의 | jbooks@joongang.co.kr
홈페이지 | jbooks.joins.com
네이버 포스트 | post.naver.com/joongangbooks
인스타그램 | friends_travelmates

ISBN 978-89-278-8068-4 14980
ISBN 978-89-278-8063-9 (세트)

중앙books는 중앙일보에스(주)의 단행본 출판 브랜드입니다.